国家出版基金项目
NATIONAL PUBLICATION FOUNDATION

天津卷

《中国海洋文化》编委会 编

海洋出版社

2016年·北京

中国海洋文化 天津卷

「中国海洋文化丛书」编辑委员会

主　　任：王　宏

副 主 任：吕　滨　周茂平

主　　编：吕　滨

副 主 编：李永昌　高丰舟

编　　委（按姓氏笔画排序）：

王守信　石青峰　吕　滨　汤建鸣　李永昌　李燕兵

杨绥华　吴南翔　何焕秋　张开城　张创智　张　军

张志刚　侯英民　顾金山　高丰舟　黄棕棕　银建军

隋吉学　彭佳学　蔡明玉　潘爱良

本卷编委会

主　　任：蔡明玉

执行主编：于广琳

主　　编：郭凤岐

成　　员：朱瑞良　王绪周　李瑞林　李学翰　王　利

　　　　　贺　然　韩玉峰　李　潇

工作人员：李华健　田　晨

总序

文化是民族的血脉，是人民的精神家园。2014 年 10 月 14 日，习近平总书记在文艺工作座谈会上发表重要讲话指出，文化是民族生存和发展的重要力量。人类社会的每一次跃进，人类文明每一次升华，无不伴随着文化的历史性进步。在几千年源远流长、连绵不断的历史长河中，中华儿女培育和发展了独具特色、博大精深的中华文化，为民族的生生不息提供了强大精神支撑。

我国是陆海兼备大国，海洋与国家的生存和发展息息相关。中华民族是最早研究认识和开发利用海洋的民族之一。春秋时期的"海王之国"，汉代的海水煮盐工艺，沟通东西方的"海上丝绸之路"，郑和七下西洋的航海壮举，海峡两岸的妈祖文化等与海洋相关的文化遗产，都表明海洋文化是中华文化的重要组成部分，中华民族拥有显著特色的海洋文化传统，为人类海洋文明做出了不可磨灭的贡献。

党和国家历来高度重视海洋事业发展。特别是改革开放后，我国经济逐步发展成为高度依赖海洋资源的开放型经济，海洋已成为支撑我国经济格局的重要载体。党的十八大以来，建设海洋强国已成为经邦治国的大政方略、重大部署。弘扬海洋文化，提升全民海洋意识，已成为社会各界的广泛共识。海洋文化是认识海洋、经略海洋的思想基础，是建设海洋强国的精神动力，也是增强民族凝聚力、国家文化软实力的重要内容。

"中国海洋文化丛书"是我国海洋文化建设的一大成果。这套丛书第一次较为系统地展示了我国沿海各地海洋事业发展、海洋军政历史沿革、海洋文学艺术、海洋风俗民情和沿海名胜风光，既有一定的理论深度，又兼顾可读性、趣味性，荟萃众美，图文并茂，雅俗共赏，是继承弘扬海洋文化优秀传统的重要媒介。在这套丛书的编纂过程中，得益于沿海各地党政领导、机关部门的大力支持，得益于国家海洋局机关党委、地方海洋厅（局）的精心组织，凝聚了一大批海洋文化专家学者的心血和智慧。

"中国海洋文化丛书"是海洋文化综合研究的有益探索。由于海洋文化的这类研究尚属首次，受资料搜集困难、研究基础相对薄弱等各方面客观因素的影响，研究和编写难度较大，不当或疏漏之处在所难免，也希望更多的专家学者和有识之士参与到发掘、研究、宣传、弘扬海洋文化的行动中来，为弘扬海洋文化、提升全民海洋意识做出更多贡献。

希望本丛书对关注海洋文化的各界人士具有重要参考价值。希望本丛书的出版，对繁荣中华文化，推动海洋强国建设发挥重要作用。

丛书导读

由国家海洋局组织，沿海各省（区、市）海洋管理部门积极响应落实，200 余位历史文化专家、学者共同完成的"中国海洋文化丛书"，经过长达 5 年的立项、研究、撰著、编修，今天终于与读者见面了。海洋出版社精心打造的这套"中国海洋文化丛书"，卷帙宏巨，共 14 个分册，分别对中国沿海 8 省、2 市、1 自治区及港、澳、台地区的海洋文化进行了细致的梳理和全面的研究，连缀与展现了中国海洋文化的整体体势，探索且构建了中国海洋文化区域性研究的基础，推动中国海洋文化研究迈出了重要的、可喜的一步。

海洋文化，是一个几与人类自身同样苍迈、久远的历史存在。但"海洋文化"作为文化学研究中专一而独立的学术领域，却起步晚近，且尚在形成之中。尽管黑格尔在《历史哲学·绪论》中，就已经提出了"海洋文明"这个概念，并为阐释"世界历史舞台"和"人类精神差异"的关联性而圈划出三种"地理差别"，即所谓"干燥的高原及广阔的草原与平原""大川大江经过的平原流域"和"与海相连的海岸区域"，但很显然，这还远远不足以成为一个学科的开端与支架。中华民族是人类海洋文明的主要缔造者之一，在漫长的历史演进过程中，踏波听涛、扬帆牧海的中华先民，创造了悠久的、凝注民族血脉精神的中国海洋文化，在相当长的历史时段内，对整个人类社会海洋文明的示范与引领意义都是巨大的。但"中国海洋文化"无论是作为一个学术概念的提出，还是其学科自身的建构，同样不出百年之区，甚至只是应和着近三十多年来中国政治变革、经济发展、社会转型、文化重构的鼓点，才真正开始登上当代中国思想文化舞台的"中心表演区"。由是观之，"古老—年轻"，可谓其主要的标志。"古老"，为我们提供了巨大的时空优势和沉厚积淀，让我们得以在海洋文化历史的浩浩洪波中纵游翱翔、聚珠采珍；"年轻"，使其具备了无限的成长性和多样化的当代视角，给我们提供了建立中国海洋文化学理论体系的充分可能与生长条件。

作为一个初具雏形的学术领域，中国海洋文化研究面临的课题是众多的，必然要经历一个筚路蓝缕、艰辛跋涉的过程，才能使自身的学科建设达于初成。以研究路径而论，当前或有如下几个方面是值得注意的：一是包括基本概念、基本理论、基本路径、基本规范等在内的"基础性研究"；二是建立在海洋学、航海学、造船学、海洋考古学、海洋地质学、海洋生物学、海洋矿产学、海洋气象学等相关海洋学科基础之上，抽象与概括其文化哲学意义的"宏观性研究"；三是以独立性、个案性问题研究为着力点，进而扩及一般性、共性研究的"专题性研究"，如海上丝绸之路研究、妈祖信仰研究，等等；四是以时间为"轴线"、对中国海洋文化历史生发流变进程加以梳理与描述的"纵向式研究"；五是以空间为"维度"、对中国海洋文化加以区域性阐释与比较的"横向式研究"。当然，这些方面是相互联系、互为支撑的，具有系统的不可分割性。

海洋出版社推出的这套"中国海洋文化丛书"，应当属于横向的"区域性研究"。在分册选题的确定上，分列出《辽宁卷》《河北卷》《天津卷》《山东卷》《江苏卷》《上海卷》《浙江卷》《福建卷》《台湾卷》《广东卷》《澳门卷》《香港卷》《广西卷》和《海南卷》，其分册的依据，既考虑到了目前中国沿海省市地区的现行行政区划，也考虑到了不同地区在历史文化进程与地理关系上形成的联系与差异。

"区域性研究"非常必要，"区域性"或曰"地域性"，是文化的固有特征。有论者指出：所谓"区域文化"或"地域文化"，源自"由多个文化群体所构成的文化空间区域，其产生、发展受着地理环境的影响。不同地区居住的不同民族在生产方式、生活习俗、心理特征、民族传统、社会组织形态等物质和精神方面存在着不同程度的差异，从而形成具有鲜明地理特征的地域文化"。（李慕寒、沈守兵《试论中国地域文化的地理特征》）中国沿海辽阔，现有海岸线长达 18 000 多千米，跨越多个纬度和气候带，纵向跨度巨大，横向宽度各异，濒海各区域文化发展进程中依赖的主要生成依据、环境、条件差别明显。首先，中国沿海及相邻海域不同纬度的地形地貌不一，气象洋流各异，季风规律不同，岛屿分布不均，人类海洋活动、特别是早期海洋活动的自然条件迥异。其次，受地理、历史等自然、人文条件的影响与制约，濒海各地及与之相邻内陆地区的文明程度、文化性状不同。再次，古代远洋航线覆盖范围内，存在着不同种族、不同信仰、不同文化来源与不同历史传统的众多国家和地区，中国沿海各地在海洋方向上相对应的文化交流对象、传播路径、历史时段、往来方式等都不同。最后，历史上、特别是近数百年来，中国沿海各地区受外来文化影响的程度、内容等，也不完全一样。由此，造成了中国沿海各地文化样态纷繁，水平不一，内涵也不尽相同，有些甚至差异巨大，因此，不分区域地泛谈中国海洋文化，难免失之于笼统粗率，不足以反映其在大的同一性前提下的丰富多样性。从这个意义上说，"中国海洋文化丛书"的编撰别开生面，生成了中国海洋文化研究的一个新的样式，即中国海洋文化的区域性研究。这是对中国海洋文化在研究方法、研究思路上的一个重要的贡献。

区域性研究，重点在于揭示不同区域的文化独特性。任何一个文化区域的形成，都离不开两个基本要素，一是区域内的文化内聚中心的确立，二是外廓边缘相对封闭的壁垒结构。我们在辽宁的海洋文化中看到了山东海洋文化所不具备的面貌，在福建的海洋文化中看到了台湾海洋文化中所不具备的面貌，尽管辽宁和山东共拥渤海、福建和台湾同处东海，在自然与人文诸方面有着如此千丝万缕的联系，但其文化仍然各具风貌，难以混为一谈。海洋文化的区域性研究，正是要对这种区域文化的独特性有所揭示，既要揭示各区域内文化中心的存在形式、存在条件与存在依据，又要廓清本区域与其他区域的差异与联系，从而形成对本区域海洋文化核心特质的认识。本丛书 14 个分卷的撰著者，大多都关注到了这个问题，从本区域地理环境、人种族群、考古及历史典籍等方面，开始寻源溯流，追踪觅迹，最终趋近于对本区域海洋文化特质的描述，进而构成了整个中国沿海及其岛屿各区域海洋文化丰富形态与样貌的整体展示。总体上看，各分册尽管在这一问题上的学术自觉与理论深度等方面尚存参差，但毕竟开了一个好头，形成了区域性海洋文化在研究方向上的共识。

区域性研究，同样重视区域间的比较性研究。文化从来就不是静若瓶浆、一成不变的，它不仅存在于自身内部，而且以"扩散"为其基本的属性与过程，文化特性的成型、存续、彰显、变异，很大程度上存在于此一文化与彼类文化的相遇与选择、交流与传播、对立与比较、碰撞与融合之中。一方面，中国沿海南北跨度巨大，以台湾岛、海南岛等大型海岛为主体的海岛群独立存在，地理、族群、文化习俗等方面的差异不言而喻。但另一方面，中国在历史上毕竟长期处于"大一统"的政治格局中，以儒家文化为主体的儒、释、道、法百家融合的传统思想文化，长期稳定地居于中华民族精神文化的核心地位，中国沿海各区域之间政治的、经济的、人文的历史联系十分密切。由此，形成了中国海洋文化各区域之间在时间轴上的"远异近同"和内容上的"同异并存"。我们的区域海洋文化研究，必须把区域间的比较研究作为一个重要方面，在比较中，凸显本区域的文化特质；在比较中，寻找与其他区域的文化联系；在比较中，建立各区域特质与中国海洋文化整体性质的逻辑关系与完整认识。还有一个问题，是要关注到沿海地区与相邻内陆地区的比较研究，关注到内陆文化和海洋文化在相向毗邻区域间的互动、交汇、融合。我们欣喜地看到，本丛书中很多分卷对上述问题做了探讨，也取得了一定的研究成果，使本丛书的研究视野突破了各区域的地理界限，从而为完整描述中国海洋文化整体样貌打下了基础。

区域性研究，最终要突破行政区划的界域，形成中国的"海洋文化分区"。目前，本丛书是以中华人民共和国现行行政辖区来分卷的。这不仅是为了操作上的便利，也有一定的历史文化依据。因为现行的行政辖区不是凭空产生的，有相当充分的自然与人文历史渊源。如河北与天津，同处于渤海之滨，河北对天津在地理上呈"包裹状"。而上海与苏、浙，单纯以地理关系而论也与津、冀相似。但是仔细考察就会发现，天津不同于河北、上海不同于苏、浙，这是在历史文化发展进程中形成的客观存在。津、沪两个地区的海洋文化，具有更鲜明的港埠—城市特色，外向性状更突出，受外来文化影响更直接、程度更大，呈现出迥异于相邻冀、苏、浙省的特色。因此，以行政辖区来分卷是有一定理由的。

但是也应当看到，现有的省市划分，行政意义毕竟大于文化意义，难以完全契合文化学研究的实际。比如山东，依泰山而濒大海，古称"海岱之区"，但实际上，"山东"作为一个古老的地理概念，其所指范围是不断变化的；直到清代，才有"山东省"的设置。而从文化源流的角度看，历史上，齐鲁文化的覆盖区域远不以今山东省辖区为界；若再溯海岱—东夷文化之远源，则其范围更阔及今山东、江苏、河南、安徽等省，散漫分布于华北与华东的广大范围。类似的情况并不罕见，事实上，无论是"同'源'异'省'"，还是"一'省'多'源'"，都是可能存在的。因此，随着研究的深入，我们的文化研究视野，最终必然会超离现有行政辖区的局限，否则就难以对各地区文化有脉络清晰的、本质的把握。

由此，我们有一个期盼，就是在本丛书提供的、按行政辖区分省市进行海洋文化研究的基础上，可以通过类比、合并，最终形成具有文化学意义的"中国海洋文化分区"。

这一课题的意义非常重大，比如，今广东、广西和海南，地处南海之北，五岭之南，北缘有山岳关隘阻隔，远离中原，自成一体，就其文化渊源考察，同出乎"百越"一脉，共同构成了独立的"岭南文化"，具有明显的文化同源性，因此，将广东、广西和海南视为一个海洋文化分区，进行跨越现有行政区划的文化考察，或许更有利于研究的深入。而在此基础上我们还会发现，该"分区"内的广西不仅"面向南海"，且"背依西南"，在体现"岭南文化"共性的同时，亦深受"西南文化"的影响。就其向海洋方向的辐射而论，当然包括北部湾、海南乃至整个南海，并拥有海上丝绸之路的始发港合浦，但另一条重要的文化传播路径则是通过中南半岛南下。因此，广西的独特性是不言而喻的。相比之下，海南与广东（还包括本"分区"外的闽台），则直接的文化联系更加紧密，共性更突出；而港、澳地区，也有不同于粤、桂、琼的特殊性。由此，我们在大的海洋文化分区中，又可以进一步细化出不同特质的"文化单元"。这种以海洋文化分区替代行政辖区的研究思路，显然具有更大的合理性。

再如今辽宁、吉林、黑龙江等"关东之地",在历史上都曾濒海。有翔实记录表明:汉武帝时期,中国东北部疆域边界西至贝加尔湖,东至鄂霍次克海、白令海峡、库页岛地区。唐代,从北部鞑靼海峡到朝鲜湾,大片沿海地区均归中国管辖。元代,设立辽阳行省管理东北地区,其下设的开元路,辖地"南镇长白之山,北侵鲸川之海",所谓"鲸川之海",即今之日本海。而松花江、黑龙江下游,乌苏里江流域直至滨海一带的广大地区和库页岛都归中国管辖。明代,设置努尔干都司,辖地北至外兴安岭,南达图们江上游,西至兀良哈,东至日本海、库页岛。清代,满族入关前即统一了东北,所辖范围自鄂霍次克海至贝加尔湖。只是到了清康熙二十八年(1689年)中俄签订《尼布楚条约》后,外兴安岭以北及鄂霍次克海地区才"割让"给俄国,距今不过300余年。清咸丰八年(1858年),根据《中俄瑷珲条约》,沙俄又"割占"了外兴安岭以南、黑龙江以北的60多万平方千米中国领土;2年后,才占领海参崴(符拉迪沃斯托克)。直至第二次鸦片战争,沙俄才借《中俄北京条约》,把乌苏里江以东、包括海参崴(符拉迪沃斯托克)在内的40万平方千米中国领土夺走,至此,中国才失去了日本海沿岸的所有领土,这不过才是150年前的历史。事实上,无论是在红山文化的渊源追溯上,还是在与中原文化的相对隔绝上;亦无论是在区域内游牧—农耕性质的多民族并存与融合上,还是在萨满文化的覆盖与变异上,东北地区都有充分的理由成为中国文化版图上的一个独立文化区,因此也必然影响到整个东北地区的海洋文化,使其呈现出独有的"东北特色";而揭示东北地区海洋文化特质的研究,最直接的研究理路也许就是置于"海洋文化分区"的大前提统摄之下。

本丛书虽按行政辖区分卷,但也为"中国海洋文化分区"的确立,做出了先导性的贡献。

区域性研究,必须体现基础性研究的要求。在突出本区域文化特色研究的同时,关照到中国海洋文化基本问题的研究,是区域性研究的根本目的。如,什么是"海洋文明"?什么是"海洋文化"?什么是"中国海洋文化"?怎样确定"海洋文化"的科学概念并严格划定其内涵与外延?中国海洋文化与中国传统文化的关系究竟是什么?或者说,在漫长历史中居于主流地位的中国传统文化与中国海洋文化究竟是否属于形式逻辑范畴内讨论的"种属关系"?如果确实存在这种逻辑上的层级,那么传统文化这个"属文化"对海洋文化这个"种文化"的强制规定性究竟是什么?而中国海洋文化这个"种文化"又如何体现中国传统主流文化这个"属文化"的基本属性?反之,中国海洋文化对中国传统文化施加的影响又有哪些?在精神—物质—制度等层面上是怎样表现出来的?进一步放大研究视野，则中国海洋文化在世界海洋文化范围内的独立存在意义和历史地位是什么？从世界范围回看，中国海洋文化的基本性质是什么？而以发展的、前进的目光观察，中国海洋文化未来的发展方向和前景又是什么？在实践中华民族伟大复兴的历史进程中会发挥什么样的重要作用……这些问题，层叠缠绕，彼此相连，或多至不胜枚举，但都是海洋文化研究的基本问题。区域性的海洋文化研究的意义，不仅在于对本区域海洋文化诸课题的研究，还应有意识地在区域性研究中探讨和研究整体性、基础性的问题，分剖析理，彼此观照，以观全貌，最终为中国海洋文化学的学科建设和理论体系的形成，奠定坚实的基础。本丛书各卷撰著者，在这方面也都做出了有益的探索和尝试。

"中国海洋文化丛书"，举诸家之说，辩文化之理，兴及物之学，是近年来中国海洋文化研究成果的一次集合性的展示。尽管由于各种原因，还存在着这样或那样的不足，但对促进中国海洋文化研究的发展，仍具有不可忽视的意义。生活在 1500 多年前的陶渊明先生在诗中说："奇文共欣赏，疑义相与析。"中国海洋文化作为一个新兴的研究领域，尚在成长之中，对于丛书中存在的问题，也希望广大读者不吝赐教。

21 世纪是海洋世纪，党的十八大报告中首次提出"建设海洋强国"的战略目标，海洋上升至前所未有的国家发展战略的高度。希望本丛书的出版，能唤起更多读者对中国海洋文化的关注与研究。中国的海洋事业正在加速发展，中国的海洋文化研究正在健康成长并为国家海洋事业的发展提供强大而不竭的文化助力，让我们一起努力，为实现"两个一百年"的奋斗目标，为实现中华民族的"海上强国梦"而竭诚奋斗，执着向前。

海洋文化学者　张帆

序

　　天津，她是广袤海洋对世界的恩赐。站在年代久远的地图前，我们可以看到古人对"东环大海，西眺瀛沧"的诠释。

　　天津平原，基本由全新世海侵塑造形成，地势低洼平缓。汉代，因有海平面波动，滨海地带遭受严重海水侵袭。汉桓帝永康元年，"六州大水，渤海海溢，没杀人"；至东汉，环渤海湾内设县治纷纷内迁或裁并。金、元时期，天津为海运起点，亦是河运枢纽。明代，天津设卫筑城，大量屯兵，军事职能强化，士兵成为早期城市居民主体。清代，西方列强海权观念强化，工业文明如大潮涌向中国，天津成为沿海通商口岸，因区位特点，见证了近代中国诸多重大事件，亦基于较早开埠，天津成为现代文明、技术精粹之地。新中国成立后，特别是改革开放以来，强劲的改革春风吹热了津沽大地，津沽大地重新焕发生机，海洋事业、海洋经济快速健康发展。2006年3月，国务院常务会议将天津定位为"国际港口城市、北方经济中心、生态城市"。

　　天津，她有着悠远而深邃的故事，在海洋文化的影响下，形成了自身独特而富有魅力的文化。

　　一是厚重的商业文化。重商性是海洋文化重要特征之一，因天津"内河外海，舟楫交会之境，百货麇至"，故而形成了"人皆以贾趋利"的社会氛围。清代，沿海封建经济不断发展，以盐业为支柱、盐商为代表的重要商业力量崛起，促成天津"盐商文化"。作为城市商业文化的一个方面，"盐商文化"直接影响了天津的社会生活和风气。二是丰富多彩的民俗文化。天津"五方杂处，五行八作，率多流寓，商贾凑集"，全国各区域文化习俗集聚其中，促成了天津多文化融合。天津民俗既有淳厚古朴的旧俗，又有中西荟萃的新俗；既有商业民俗的敬业精神，又有农业、渔业民俗的传统特点；既有渤海湾奇特的渔业习俗，又有天津人特有的节日习俗。三是虔诚的妈祖信仰。妈祖民间信仰始于祈求护佑航海、人船平安的初衷。天津"地当九河要津"，兼有拱卫京畿、开通南北漕运的双重功能。自金代以来，三岔河口地区成为河运、海运漕船的咽喉要道，元朝大规模的海运将妈祖崇拜带到了北方直沽，使天津成为天后信仰中心。此后，妈祖民间信仰逐渐演化为护佑百姓、怯灾赐福、促生活如意等诸多方面。

天津，历经沧海桑田，她坚毅的目光依然注视远方，因为在那遥远的桅杆上，镌刻着伟大的"中国梦"。

习近平总书记指出："提高国家文化软实力，关系'两个一百年'奋斗目标和中华民族伟大复兴中国梦的实现。"随着"海洋强国"的战略目标被纳入国家大战略，海洋文化软实力的支撑作用逐渐凸显，海洋文化建设成为天津提升区域核心竞争力的必然选择。天津在提升海洋文化软实力方面具有三个优势：一是基于核心价值体系和文化沉淀而产生的强大凝聚力；二是具备吃苦耐劳的禀性品德，海纳百川的广阔胸襟，放眼四海的广博胸怀，永不放弃的顽强意志等天津海洋精神；三是借重区位资源，发展后劲强势。伴随首都经济圈发展规划的开展和京津冀区域经济一体化进程，天津借重首都文化资源，发挥文化产业助推经济社会发展，推动发展方式转变和产业结构全面升级机遇良好。在此背景下，深入挖掘天津海洋文化内涵，大力推进区域海洋文化产业的发展，将有助于形成全社会关注海洋、保护海洋、开发海洋的良好氛围，有效提升海洋文化的经济效益和社会效益，必将为建设海洋强市，圆海洋强国梦做出新的、更大贡献。是为序。

天津市海洋局

目录

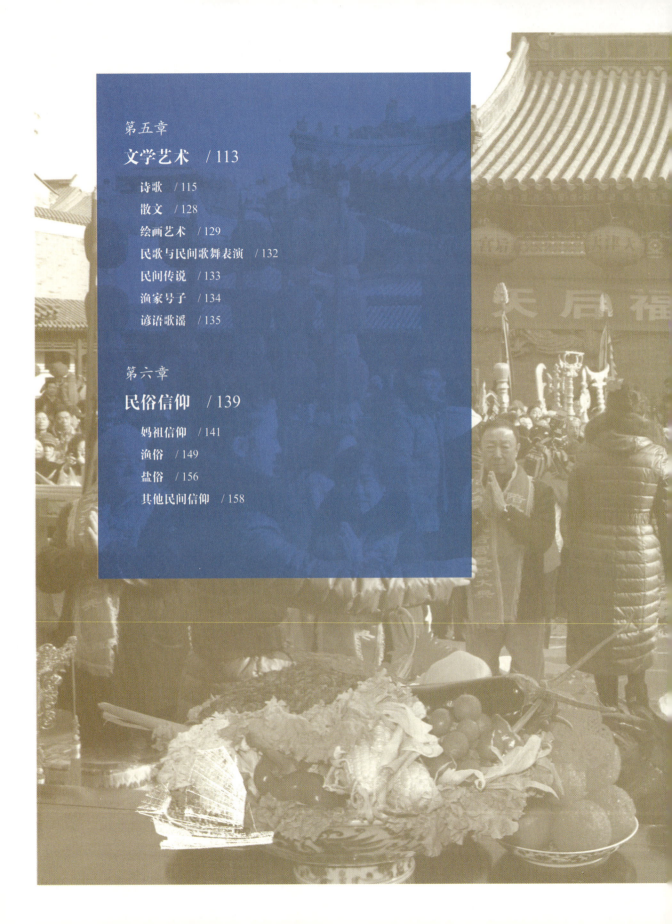

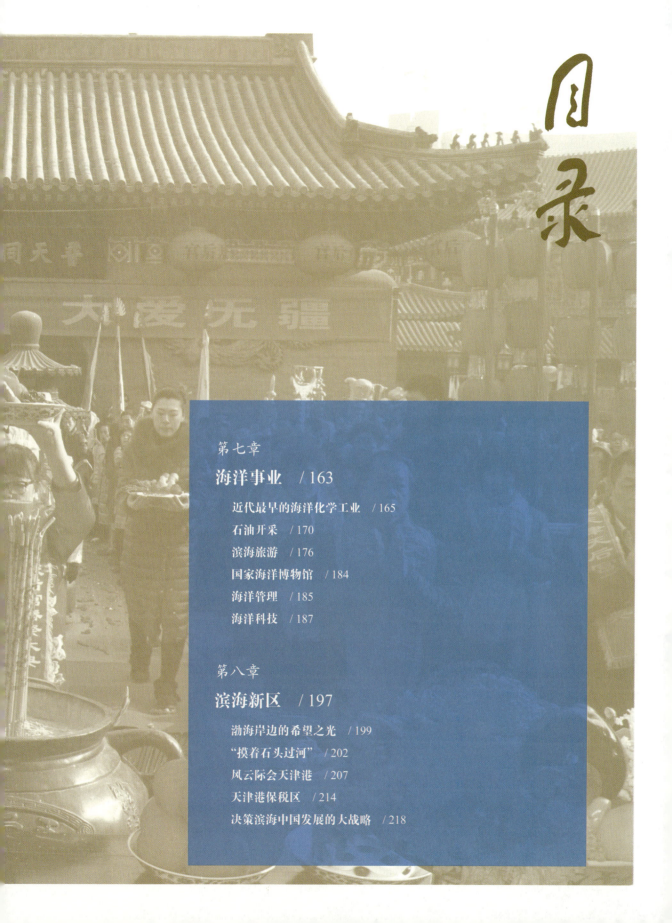

目录

概述

天津——渤海西岸的明珠。

渤海是中国内海，三面被天津和辽宁、河北、山东环绕。辽东半岛南端的老铁山角与山东半岛北岸的蓬莱，就像一双巨大的臂膀，把渤海紧紧环抱起来。渤海由北部的辽东湾、西部的渤海湾、南部的莱州湾及中央的浅海盆地组成，并通过渤海海峡与黄海相连。

天津东濒渤海湾，所辖海域面积 3000 平方千米。海岸线南起歧口、北至涧河口，长度仅 153.67 千米，在全国 12 个沿海省区市中最短。但是，由于海河与蓟运河都在天津入海，尤其是经过海河可以通达京师，辐射华北，这种"临海近都"的自然地理和人文地理条件，使得天津海洋资源丰富、海洋经济发达，进而形成多姿多彩的海洋文化。而回顾数千年来天津海洋文化的发展进程，对于加深对天津历史文化内涵的理解，促进经济社会更好更快发展，都具有特别的意义。

天津的海洋资源，主要表现为滩涂资源、生物资源、海水资源和油气资源。滩涂面积约 370 平方千米，已逐步开发利用；生物资源主要是海洋浮游生物、游泳生物、底栖生物和潮间带生物；海水成盐量高，古来即为著名盐产地，目前拥有我国最大的盐场；油气资源丰富，已发现 45 个海洋含油构造，储量十分可观。

海洋是天津文化的重要原点之一，说天津因海而兴应该并不为过。因为海的存在，天津有了渔业和盐业，是天津文化发展初始阶段的两大经济支柱；因为海的存在，天津的港口及海运逐渐兴起，为天津成为工商业重镇奠定了基础；因为海的存在，天津成为较早接受西风东渐的中国城市之一，率先迈出了城市近代化的步伐；也是因为海的存在，天津被定为新中国最早改革开放的 14 个沿海城市之一，并被国家最新定位为全国先进制造研发基地、北方国际航运核心区、金融创新运营示范区、改革开放先行区。

天津的海洋文化始终渗透在经济社会发展的各个环节之中。根据著名考古学家陈雍先生的研究成果，天津地区文化发展有着从山区到平原、从陆地到海洋两大演进趋势。站在人文历史的角度看，从山区到平原主要是史前时期原始文化的推移，从陆地到海洋主要是历史时期古代文化的发展。站在地质历史的角度看，自然环境的海陆变迁给天津留下两大世界性遗产——蓟县的中上元古界地质剖面和滨海地区的贝壳堤（原始海岸线）。这两部独一无二的"大地史书"，以今天眼光来看，虽然是一山一海，但它们皆是自然界沧海桑田的结果，都打上了海洋影响的深深烙印。

天津文化从陆地到海洋的演进趋势，自古迄今从未停止过。随着海岸线的逐步东移，海河的入海口也从泥沽、军粮城推进到塘沽和大沽。晚清、民国时期，天津港从河港向海港的转化；民国以降，滨海地区海洋化工的崛起及近年海洋经济发展的战略提升；新中国成立后，持续的填海造地以及现今临港工业区、南港工业区和天津自由贸易试验区的创建；甚至 2009 年滨海新区作为独立行政区划的设置、在京津冀协同发展框架下的天津最新城市定位，都是这一发展趋势的直接证明或演进结果。

1. 海退陆进与天津滨海平原的早期开发

渤海湾西岸的古贝壳堤记录了海退陆进的痕迹，可以说是天津海洋文化的原点。

天津地区以平原地形为主，多属退海之地。现今滨海新区核心区塘沽一带成陆最晚，距今只有 800 多年时间。以塘沽为中心向北、西、南三面延展，成陆时间大体上越来越早。从距今 4000 年前开始，地球全新世大暖期度过顶峰，气温开始回落，海面逐渐下降至接近近代海面高度。在华北平原肆虐了两三千年的洪水消退，天津平原地区渐次露出海面，在河流裹挟泥沙的推动下，逐渐淤积成为陆地。根据地质和考古专家的研究成果，天津地区可归纳出四道贝壳堤，也就是四条不同时代的海岸线遗迹，留下了天津地区海陆变迁的重要证据：第一道贝壳堤在静海区西翟庄及滨海新区大港翟庄子一线，距今 5200 年至 4000 年前；第二道贝壳堤在东丽区张贵庄，距今 3900 年至 3000 年前；第三道贝壳堤在东丽区军粮城和滨海新区大港上古林一线，距今 2500 年至 1400 年前；第四道贝壳堤在滨海新区塘沽和汉沽沿海，距今 700 多年前。贝壳堤必须在海岸线相对稳定的条件下才能形成，因而可以据此推测出天津平原成陆的时间。

根据天津地区贝壳堤的分布情况，我们可以大体推断：距今约 4000 年前，现今滨海新区大港沈清庄、大苏庄、翟庄子以西地区成陆，大体相当于传说中的三皇五帝时期和夏代初期；距今约 3000 年前，今滨海新区大港沙井子、窦庄子以西地区成陆，大体相当于商朝和西周初期；距今约 1400 年前，今滨海新区大港上古林、马棚口以西地区和汉沽大部分地区成陆，大体相当于魏晋南北朝时期；距今 700 多年前，今滨海新区塘沽以及汉沽蛏头沽一带地区成陆，时间上相当于宋金时期。根据专家研究，东丽区军粮城以东最后形成的塘沽一带土地，成陆年代十分明确。宋仁宗庆历八年（1048 年），黄河绝于商胡埽（在今河南濮阳），翌年合永济渠北流，入界河（今海河）东流至泥沽入海。金世宗大定八年（1168 年），黄河又决于李固渡（在今河南滑县），南迁经今山东、江苏入海。黄河经天津入海的 120 年间，天津的海岸线迅速向东推进到今滨海新区的大沽、北塘一线，其形成的三角洲前缘，北侧至汉沽蛏头沽，南侧至与大港相邻的河北省歧口，今滨海新区的海岸线基本形成。

天津滨海地区成陆后地势低洼，很长时间仍遍布沟淀泥沼，因此开发利用要稍微滞后一些时间。成陆相对较早的大港，也是天津滨海地区开发最早的地域，目前已经发现以沙井子村为核心的战国时代古人类活动遗迹 9 处。沙井子地处第二道贝壳堤上，距今 3900 年至 3300 年前即已形成陆地，是天津滨海成陆最早的地区。1949 年新中国成立后，考古工作者先后在中塘镇大坨子高地、万家码头和太平镇沙井子村发现古人类居住遗址等。这说明，至迟在 2300 多年前的战国时代，天津滨海地区的开发就已经开始了。

秦汉时期全国开始推行郡县制，天津地区分属昌城、雍奴、泉州、东平舒和彰武等县，社会经济进一步发展。滨海新区大港的中塘、万家码头、沙井子、窦庄子等村，都发现过汉代的瓮棺葬。此外，大港还发现过汉代建筑的遗址。据郦道元《水经注》引《魏土地记》载："彰武县东百里[1]有武帝台，南北有二台，相去六十里，基高六十丈[2]。俗云汉武帝东巡海上所建。"据考察，这两座武帝台实为祭祀用的望海台，南台在今河北省黄骅市东，北台在滨海新区大港沙井子村南。公元前 113 年至前 89 年，汉武帝多次东巡，封禅泰山，驾临碣石，沿途祭祀名山大川。沙井子武帝台位于汉代滹沱河入海口北面不远，应该是当地官员应汉武帝祭祀之需而建造的，现已被夷平。

东汉时期发生海侵，海平面迅速升高，天津滨海地区大部分被海水淹没，原来的沿海郡县多被裁并，人口大量内迁，经济社会发展一度中断。进入魏晋南北朝时期海水退却，天津滨海地区的土地重新垦殖，经济逐渐恢复。随着经济社会发展，宗教也开始传入天津滨海地区。20 世纪 70 年代，滨海新区大港在疏浚娘娘河过程中，先后出土了 13 尊青铜佛造像，有北魏太和二十一年（497 年）、北魏永平四年（511 年）等年款。诸多佛造像的集中出土，反映了当时经济繁荣、人口增殖的情况。隋唐时期，除塘沽外的天津滨海地区基本成陆，人口迅速增加，开发步伐逐渐加快。唐朝为防御北方少数民族入侵，在幽蓟地区屯有重兵。为保证军需物资供给，在当时三会海口的贝壳堤高地上设粮食储运中转基地并筑城守卫，此即东丽区军粮城的由来。与此同时，今滨海新区的大港、汉沽的许多村落也都在这一时期开始形成，今两区的不少地名，传说都与唐太宗李世民东征高句丽有关。滨海新区汉沽的寨上，据说是李世民凯旋时驻扎前军、后军的地方，因此有前寨上、后寨上之分；营城，据说是李世民中军大帐所在地；洒金坨，据说李世民回师经此曾洒落金银；滨海新区大港的马棚口，据说是李世民为出征畜养军马之处；北塘（地名已废，与今滨海新区塘沽之北塘无关）、中塘、南塘（地名已废，原址在今北大港水库内），据说是尉迟恭跑马休息的地方，李世民命他在此三地建造庙宇以镇龙脉（贝壳堤）。以上这些虽然只是传说，但却透露了隋唐时期天津滨海地区逐渐得到开发的信息。

2. 渔盐文化与天津滨海经济的初步繁荣

俗话说"靠山吃山，靠海吃海"。天津地处九河下梢，自古以来一直是河流汇集入海之地。依河枕海的自然环境，决定了天津滨海地区得天独厚的"渔盐之利"。渔业和盐业发展，构成了天津滨海地区后来发展的最初基础。到1949年新中国成立前，渔、盐两业一直是天津地区经济上的支柱产业，这种格局直到民国以后才逐渐改变，而滨海地区则要更晚一些。

作为退海之地，滨海地区的土地虽然历代均有垦殖，但因盐碱斥卤，一直难以形成规模，自给自足十分困难。为了生存需要，渔业就成了滨海地区最早产业。可以这样说，随着人类开始在天津滨海地区生息繁衍，渔业生产就已经开始了。在滨海新区大港发现的战国文化遗存中，出土有渔网坠之类的捕鱼用具。东丽区张贵庄战国墓葬出土的陶壶上，刻有近似鹭鸶捕鱼的场景，也反映了当时滨海地区渔业发展的情况。到了近现代，在滨海地区形成一批渔业村镇，其中最著名的是大沽和北塘，都有着600年以上的历史。另外，如大神堂和马棚口，也是比较有名的渔业村庄，在各类渔业史籍中多有所记载。如1934年张元第《河北省渔业志》称，马棚口等地"丰产黄花鱼、晃虾、鲶鱼、毛虾、梭鱼、海蟹、对虾、蟹钳"。大沽和北塘因为地处海河与蓟运河两大河流入海口，自古以来交通航运发达，因此也带动了渔业的发展。与渔业密切相关的鱼栈、船运、窖冰等延伸行业也随之兴起，甚至连专门收购螃蟹壳的，都成为世代沿袭之职业。明清以来，因为交通方便且地近京师，蓟运河流域盛产的银鱼、紫蟹，还长期成为专供皇室享用的贡品。

天津滨海地区的渔业虽然十分发达，不过总的来说，在两千多年时间里，船只和网具固然时有改进，但发展仍旧比较缓慢，渔民主要从事的只是淡水捕捞和渤海沿岸的近海捕捞。1949年以后，随着其他行业的发展和自然环境的变迁，天津的海洋渔业虽然继续向前发展，但在国民经济中所占比重总体上却呈萎缩趋势。

天津滨海地区的盐业是与渔业同时产生发展起来的。滨海最早的居民，很可能就是为了煮盐才迁徙而来的。也就是说，盐业生产才是最终目的，捕鱼仅是为了满足生存的需要。目前天津境内尚未发现先民煮盐的遗迹，但早期天津滨海地区居民普遍从事盐业生产是确定无疑的。战国时期，天津滨海地区分属齐、燕，两国都曾拥有发达的盐业。《管子·地数篇》曰："齐有展渠之盐，燕有辽东之煮。"展渠即是渤海，由此可知天津滨海地区当时已是产盐重地。为了避免违背农时，还有阳春农事方作之时禁止煮盐等规定。

天津的渔业习俗也很有特色。对渔民来说，造船是头等大事，动工时要举行隆重仪式，等工匠铺就船底后，还要为新船命名。命名这天为船的"生日"，每年这一天都要举行"庆诞"活动。居民日常多用鱼虾佐餐，菜肴以水产品为特色，其中银鱼最为有名。秋季要多储存鱼虾蟹酱等，以备冬季食用。汉沽还有一种特别的腌渍方式——碴，这是在探索水产品保存过程中逐渐形成的。

天津滨海地区的盐业生产，主要集中在滨海新区的汉沽和塘沽，是著名的长芦盐区之重要组成部分。汉沽比较明确的制盐历史可以追溯至汉代，区内著名的小盐河即汉代运盐河的遗迹。据清乾隆《宁河县志》记载，小盐河"自潮河（指蓟运河）经汉沽庄北，东达尹家灶、毛家灶、张家马头诸古煎盐处……汉时官给盐船，自潮河运入，而盐自小河运出"。可惜这一重要盐业遗迹，已在近年汉沽城区规划建设中被彻底填平。

五代后唐同光三年（925年），幽州节度使赵德钧置芦台场，成为天津滨海地区盐业大规模开发的肇始。金末至元代，在渤海沿岸先后设置二十多个盐场，其中位于今天津滨海地区的至少有四处：丰财场、芦台场、富国场和严镇场。丰财场即今塘沽盐场前身，芦台场即今汉沽盐场前身。丰财场设于元代至元二年（1265年），清代场署设在葛沽镇，1913年迁到塘沽井家庄，1934年又迁到复兴庄（在今天津碱厂院内）。葛沽原来即属丰财场范围，晒盐遗迹已经无存，但留下了一处与晒盐有关的地名——大滩。芦台场自五代以来一直设置不辍，场署最初在芦台镇（今属宁河区），1913年迁至汉沽。富国场设于金哀宗正大七年（1230年），场署在今滨海新区大港之上古林，元代至元二十四年（1287年）迁出，清道光十年（1830年）

裁废。严镇场设于元末，场署在同居(今属河北省黄骅市)，滨海新区大港部分地域属于该场。与塘沽和汉沽相比，大港境内的盐业生产一直相对落后，但直到民国年间，沿海马棚口等地村民仍有以晒盐为生者，马棚口盐务所直到1952年才最后撤销。

明末清初，天津滨海地区制盐由"煎"改"晒"，这一工艺上的重大革命，推动了盐业的高速发展。明初，朝廷以长芦属京师内地，因此命以白盐朝贡，每年例贡84 000市斤[1]。长芦盐运使于是按各场灶丁数分摊，芦台场平均每丁18市斤8市钱[2]。后来因芦台场的盐品质好，加上水陆交通便利，承担的份额逐渐加大，几乎占到长芦盐场贡盐的半数。清初规定，"御用食盐仍照明制额例办理"，此制一直延续到1911年清王朝结束。

在相当长的时期内，盐业都是塘沽和汉沽一带经济的支柱，当地居民的生活习惯、语言风俗等，也多与盐密切相关。如汉沽有盐母庙、盐娘娘和盐磨的传说，塘沽有长芦盐的传说。盐母、盐娘娘等，都是极具天津地域色彩的民间俗神。流传至今的许多谚语、歇后语也离不开盐，如"越渴越嚼盐""驴上磨道人上滩""盐沟的水——走到哪哪咸(嫌)"等。还有高昂激荡的盐工号子，应该属于非物质文化遗产的内容，可惜大多已经失传。

必须补充一点的是，天津平原作为退海斥卤之地，土壤高度盐碱化，不适合大规模耕种，很长时期农业发展几乎是空白。然自明清以后，包括徐光启在内的有识之士，积极在沿海试行屯田，并且收到一定的效果。至晚清淮军周盛传部，在小站一带驻扎屯垦，种出了著名的"小站稻"，进而形成具有天津特色的屯田文化。

3. 海运兴起与天津滨海地区人口的增殖

海运的兴起，无疑给天津海洋文化发展注入了新鲜血液。

天津地区以今滨海新区塘沽成陆为最晚：北宋时因黄河在此入海，河口从军粮城迅速推进到邓善沽；黄河入海口迁出后，作为海河入海口的陆地仍缓慢推进，元时抵达大沽一带；到明朝，海岸线基本定型至今。随着塘沽陆地的推进，海边的人口聚落也很快形成。大沽是最早的濒海村镇之一，约形成于元末。关于其早期居民的来源，学术界一直有争议：或说沿白河（今海河）自西迁来，或说随元代海运漕船由山东大沽河迁来。两种观点都能举出一些例证，但又都难以彻底否决对方。其实，不妨把两种观点综合起来看：白河居民逐海而居，随着陆地的推进不断向东迁移；同时山东的船工乘漕船到大沽落户，构成了大沽最早的居民群体，这二者之间并不矛盾。至明初，河北、山东、山西等地居民陆续迁来，塘沽早期村庄北塘、于家堡、新河、邓善沽、宁车沽等先后形成，奠定了后来塘沽的基本村镇居住格局。

在天津滨海地区入海的诸河流中，以海河径流量最大，加之它沟通南北运河，因此航运最为发达。早年居民收获的海产和海盐，绝大部分要通过海河运到天津销售或转运，因此内河航运首先发展起来。其后随着商贸领域的日益扩大，大沽与营口、蓬莱等地也建立了往来，海上运输逐渐兴起，并出现了养船大户，天津不少著名盐商同时也是大船主。

真正促进天津地区航运大发展的是元代的海运。元世祖忽必烈统一全国后，首都大都（今北京）发展迅速，城市人口很快增加到 40 万人。为解决物资供应尤其是粮食需求，元朝开始大规模疏浚整修旧有运河航道，与此同时开辟海上漕运。元至元十七年（1280年），元世祖采纳姚枢的建议，开凿胶东河，就是凿成沟通胶东湾和莱州湾的胶莱运河。转年，即有漕粮通过运河经大沽运抵直沽[1]。到至元二十三年（1286年），通过海道运抵直沽的漕粮已经达到 57 万石[2]。直到元天历年间（1321—1333年），每年海运漕粮额都保持在 300 万石以上，达到元代海运的鼎盛时期。据记载，元代海漕船常年近千艘，船队名字沿用金代叫法，叫做"纲"，每纲有漕船 30 艘。负责漕船运输的水手称"运军"，至元二十一年（1284年）运军数量为 2 万人，以后逐渐增加，最多时达 4.2 万人。

元顺帝时，海漕运额逐年下降。到元末，江南一带农民起义呈烽火燎原之势，南粮北运政策受到重创。元至正二十年（1360年）到至正二十二年（1362年），运抵京师的漕粮只有 10 余万石。到至正二十三年（1363年），元顺帝派到江南的征粮官被农民起义军拒绝，元代海上漕运遂告中止。

明成祖迁都北京后，因黄河决溢不止，运河淤塞严重，海运很快就恢复了。《明史·食货志》记载："永乐元年（1403年），平江伯陈瑄督海运粮四十九万余石，饷北京、辽东。"明永乐十三年（1415年），陈瑄负责治理江淮间运渠，大运河重新贯通，内河漕运恢复，但运送蓟州的粮食，仍须海上漕运。此时的海上漕运，已经不是直接从南省北运，而是将内

1　古地名，今三岔口至大直沽一带。

2　旧制容积单位，1 市石 =100 公升。

河漕运至直沽的漕粮，再装船沿海河而下，出大沽口进入渤海，向北约七十余里，经北塘入梁河（今蓟运河），送到旧仓店（今蓟县下仓）、新仓店（今蓟县上仓）进行存贮。然而海路险恶，即使这七十多里海道，覆船事件仍时有发生。明天顺三年（1459 年），干脆从海河凿运河直通梁河，这就是新河。新河从水套沽直通北塘，使漕粮转运的安全系数大大提高。水套沽因位于新河渠首，后来径称"新河"，即今滨海新区新河街。

除海河外，明代蓟运河的漕运也十分发达。为了对抗关外的后金政权，明代在山海关和蓟州（今蓟县）等地屯有重兵，所需粮草大部分要通过蓟运河转运。与此相关，北塘的交通运输业和商业也兴盛一时。明代后期，为防卫倭寇骚扰，在大沽和北塘分别修建了炮台，两地由地方商业中心又逐渐成为海防重镇。

元代海运的鼎盛时期，正处在天津城市发展的转折点上。天津由直沽寨变为海津镇，城市雏形初步具备；明初设卫后，迅速完成了由村镇向城市的转化。这一时期，也是大沽、北塘等城镇迅速成长的时期，因此也可以说是天津滨海地区城市化发展的孕育时期。只是在小农经济为主导的封建经济条件下，大沽的濒海地理位置远不如天津处于内河航运中心重要，因此其城市化步伐明显缓慢。直到近代洋务运动和民族工业兴起，大沽与塘沽、于家堡等村镇开始连为一体，天津滨海地区才逐渐跟上时代发展步伐。

随着海运的通达，南方福建一带的妈祖（天妃）信仰传入天津，并植根发展，有了天津特色。由于古代科学并不发达，人们对波诡云谲的大海认识有限，从事海运的水手上船后，只能凭经验与大海搏斗。正如元代诗人臧梦解《直沽谣》所说："今年吴儿求官迁，复祷天妃上海船。北风吹儿堕黑水，始知溟渤皆墓田。"疾病、暴风的威胁，使得水手时刻面对着死神的阴影。他们就将命运寄托在神祇保佑上，上船前都要祭拜海神妈祖等。大沽在元代成村后，很快就建起了庙宇，现有据可查的天妃庙、海神庙和潮音寺等，据说都建于元末明初这段时间。这些庙宇的存在，反映了漕船水手在大沽落户繁衍的情况。

元代在今天津市区大直沽一带设海津镇，也建有天妃庙。但这与大沽天妃庙并不矛盾。当时南省北来的漕船要到直沽接卸，或存贮，或转运。一路数千里与风浪搏斗的水手们从海上进入大沽后，虽然任务还没有最后完成，但进入内河毕竟与海上不同，已经基本没有生命之虞，可以停船靠岸松口气了。在这里建座庙宇，感谢一下天妃娘娘的保佑，是顺理成章的事。至于进入直沽完成运粮任务，再去给"娘娘"烧香，就是要彻底还愿了。

4. 西风东渐与天津地区的城市近代化

封建时代，天津城市以及滨海地区村镇虽然依靠水陆运输之便，有过不同程度的繁荣，但整体发展仍然较缓。直到近代以来西风东渐，才彻底改变了这一格局，使天津城市以及滨海地区走上近代化轨道。

因为临海，天津很早就成为感受"西风"的前沿。著名的意大利传教士利玛窦，明代万历间就来过天津。其后荷兰的哥页使团、英国的马戛尔尼使团和阿美士德使团，都经由运河或海路自天津晋京，在天津思想文化史上留下重要印记。1840 年鸦片战争后，清政府被迫国门洞开，与列强签订一系列不平等条约。天津地区由此屡遭侵凌，塘沽、大沽、于家堡、北塘、马棚口、营城等沿海村镇，都留下西方殖民者的印记。大沽一地，更是四次遭到西方列强的兵燹洗劫。

在 1860 年第二次鸦片战争和 1900 年庚子事变中，天津作为京师海疆门户，两次被列强的坚船利炮轰开，中国面临着日益深重的民族危机。1860 年天津被迫开埠后，英国、美国、法国、日本、俄国、德国、意大利、奥地利、比利时九国租界逐渐划定开发，对天津城市发展产生了全方位影响。西风东渐虽然是个渐进式过程，但对整体的天津历史而言，仍然是楔入式的突变。这种介入的结果，造成中西思想文化的激烈冲突，实际上就是西方海洋文明和中国大陆文明的冲突，其政治化的表现就是火烧望海楼、义和团运动和老西开事件。在这种不断地碰撞中，开明的统治阶层代表人物，先后发起以自强御辱为目的，以学习西方先进思想、文化、科技为核心的改良和改革运动，这就是李鸿章等倡导的洋务运动和袁世凯等倡导的北洋新政。李鸿章、袁世凯都担任过直隶总督兼北洋大臣，长时间驻节天津，遂使天津成为洋务运动和北洋新政的重要基地。

洋务运动首先在军事领域展开，著名的如天津机器局的建立、北洋水师的成军以及北洋水师学堂等军事教育的创办，都是从天津肇始的。早期北洋水师从国外订购的战舰，都要在大沽口验收。为了修造战舰便利，李鸿章在大沽建立北洋水师大沽船坞，后来发展成综合性的大型兵工厂，在中国近代军事工业中占有重要地位。船坞遗址至今尚存，已建成博物馆并辟为天津市爱国主义教育基地。中国最早的电报，主要用于天津与大沽、北塘之间的军事联络。今滨海新区塘沽水线渡口，就是中国第一条军用电报线穿越海河之处。中国最早的近代邮政和近代高等教育，也是在天津率先肇基的。袁世凯推进的北洋新政，不但创建了中国最早的现代化军队和警察等制度，还在天津市开辟了河北新区，成为中国学习西方先进城市规划建设理念的开端。河北新区的建设，在此前老城厢和租界区这二元城市空间结构中，又杂交出融中西理念于一炉的"新区"，从而使天津城市空间布局成为三元模式，最后形成中西合璧、古今交融的万国建筑博览会卓异景观，至今仍然影响着天津城区的规划布局和空间发展。

对天津城市格局和经济发展产生巨大影响的，还有铁路的修建。唐山经北塘、塘沽至天津的铁路，是中国第一条官办铁路，也是李鸿章兴办洋务的产物。清光绪元年(1875年)，李鸿章派唐廷枢在唐山附近的开平镇组织开采煤矿，计划投产后经胥各庄、芦台运至天津。天津到芦台有水路可通，芦台到胥各庄地势低平可开运河，但从胥各庄到唐山则地势复杂，非修铁路不可。光绪五年（1879年），唐廷枢建议修唐胥铁路，得到李鸿章的支持。该铁路于光绪六年（1880年）动工，遭到朝中顽固派的强烈指责。后来，李鸿章等奏准承诺铁路修成后，不用机车牵引，只以骡马拖拉，朝廷才勉强同意。光绪七年（1881年），唐胥铁路竣工通车，因以骡马拉车厢，被誉为"马拉铁路"，成为世界铁路史上的笑柄。后来随着时局发展，清政府开办兵工厂及轮船、军舰等都急需用煤，李鸿章陈明利害，铁路不准使用机车的禁令才解除。光绪十年（1884年）中法战争爆发，清政府对办洋务修铁路的态度发生改变，次年设立海军衙门时，明确其兼管铁路的职能，清政府第一次有了专门管理铁路的部门。

清光绪十二年(1886年)，为改善开平煤矿的运煤条件，李鸿章奏请成立开平铁路公司，延筑唐胥铁路。光绪十三年（1887年）至芦台，光绪十四年（1888年）四月至塘沽，同年七月至天津，九月五日，全线正式通车。因从唐山直达天津，故称"唐津铁路"。唐津铁路后来分别向北京和山海关、沈阳两个方向延建，因此又先后改称"京山铁路""京奉铁路"(沈阳时属奉天，即今辽宁)"北宁铁路"等。

5. 海洋化工与天津滨海地区城市化转轨

天津地区海洋化学工业的发展，不但改变了滨海地区的城镇面貌，最终也彻底改变了天津整体的城市空间布局。

坐落在今滨海新区临港工业区的天津渤化永利化工股份有限公司（原天津碱厂），前身是著名的"永久黄"企业集团，它诞生于1914年，至今已有百余年历史，被誉为"中国制碱工业的摇篮"和"近代海洋化学工业的策源地"。"永久黄"虽然只是企业，但如同军事工业之于安庆、钢铁工业之于汉阳、煤炭工业之于唐山、纺织工业之于南通一样，其化学工业对于天津滨海地区的发展尤其是塘沽城区的形成，起到了巨大的推动与催化作用。

"永久黄"的创始人是著名爱国实业家范旭东。他是湖南湘阴人，家境贫寒，少年失怙。后随胞兄范源濂东渡日本，专门学习应用化学专业。1911年京都帝国大学毕业后，范旭东在北京国民政府财政部任职。当时中国盐政腐败，食盐不洁，洋盐充斥市场，改革已势在必行。不久他奉命赴欧洲考察盐政，对西方先进的盐碱工业进行全面了解。归国后，范旭东决心从改良盐质入手，实现他的实业救国理想。1914年7月，他在天津正式创建久大精盐公司，同时在塘沽选地筹办建厂，开创了中国化学工业之先河。

范旭东之所以将工厂地点选在塘沽，与当地的地理和资源条件是分不开的。首先，天津滨海属长芦盐区，盐田广布，质量优良，为发展盐碱工业提供了取之不尽的海盐资源；其次，开滦的煤炭和唐山石灰石都要经塘沽向外转运，这为制碱工业提供了成本低廉的原材料；第三，塘沽依河傍海，北枕铁路，水源充足，交通便利。以上几个条件叠加在一起，塘沽就成了"天赋"的化学工业基地。同时，范旭东还培养了一个高水平的管理和技术团队。"永久黄"的领导和技术骨干，如李烛尘、侯德榜、陈调甫、孙学悟、傅冰芝等，都是中国化工史上响当当的人物。

1915年6月7日，久大精盐厂破土动工，同时也拉开塘沽城区近代化建设的序幕。这家当时并没被看好的企业之兴建，对后来塘沽城区的发展产生了重大影响。1916年9月11日，久大精盐厂生产的第一批精盐下线。1918年，范旭东创办永利制碱公司。1922年，范旭东创办黄海化学工业研究社，孙学悟任社长。至此，后来闻名世界的"永久黄"化学工业企业集团初步形成。1924年，永利碱厂试车，第一批纯碱问世，揭开中国制碱史的新篇章。1926年，在侯德榜主持下，永利碱厂重新开工，生产出优质纯碱并荣获美国费城举办的万国博览会金质奖章。1927年，永利公司打破洋碱垄断中国市场的局面，"永久黄"步入快速良性发展的新时期。

简单回顾一下天津滨海地区城乡建设的历史，不难看出"永久黄"在滨海地区主要是塘沽城市化进程中的地位和作用。天津滨海地区，早期的人口基本由盐民、渔民和军队等组成。盐民和渔民的居住条件十分简陋，主要是土坯房和茅草房，低矮潮湿；有钱的人家，才能住上砖房。这些情况，在清代乾隆时期来华的马戛尔尼使团成员的笔下，都有不同程度的记载。那时最好的建筑是庙宇和官衙，还有就是商业建筑及带营房的军事堡垒，但这些数量上十分有限。1860年天津开埠后，随着列强的入侵和洋务运动的兴起，城乡建设格局开始发生变化。先是帝国主义列强沿今塘沽城区的海河北岸，强占了大片土地驻扎军队，并进行了一系列配套的开发建设，成为事实上的"不是租界的租界"；之后清政府内部洋务运动兴起，铁路穿过塘沽，一些大型近代企业相继在此落户或设立办事机构，新式的近现代建筑开始出现。然而，此时整个塘沽地区仍处在分散居住的状态，居民主要集中在大沽、塘沽、于家堡等几个不相连属的居民点上。铁路、企业和帝国主义势力虽都建过生活方面的配套设施，但它们一是数量有限，二是大多只针对特定对象来服务，城市公共设施的开放性还没有具备。

"永久黄"落户塘沽以后，塘沽城乡建设缓慢的局面被彻底打破。首先是企业发展吸收了大量人口向塘沽集聚，各类配套的生产生活设施建设一个接着一个，相关的商业和服务业迅速崛起并走向兴旺，原本分散的居民点很快连成一片，塘沽城区雏形初步显现。1917年，久大精盐厂第二工场建成；1918年，久大厂第三、第四工场建成；1919年，永利碱厂动工并开始建设铁工房；1920年，久大、永利两厂联合建立永久医院和工人室（职工休闲娱乐机构）；1921年，著名建筑师沈理源设计的两座永利碱厂主体厂房建成，其中蒸吸厂房高47米，被称为"东亚第一高楼"；1922年，黄海化学工业研究社西式楼房建成，至今保存完好；1925年，久大、永利两厂联合建立明星小学校；1929年，久大建立职员住宅——工人新村；1932年，永利厂建太平村工人住宅，久大厂在南苑建女单身宿舍；1934年，怀瑛堂幼稚园落成；1935年，明星小学新校舍落成；1937年，永利厂建新村儿童俱乐部。"永久黄"在塘沽进行的大规模建设持续了整整20年，其中前10年是建设高潮，后10年是在不断更新完善，直到1937年"卢沟桥事变"后塘沽沦陷，这一建设进程才被迫中断。"永久黄"大规模建设的效果就是直接推动了塘沽一带分散居住点连通连片，塘沽城区初步形成。1932年编辑出版的《塘沽之化学工业》记载，当时塘沽是"华屋栉比，清静优雅"，毗邻河边的市街以及附近商店住屋，"悉为久大产业""入夜水陆灯光，千百辉映，全市电力皆由久大供给，俨然为华北工业重镇"。

与"永久黄"类似，滨海新区汉沽也曾有过一座著名的化工企业——渤海化学工业公司，也是当时平东著名化工企业。公司于1926年由湖南人聂汤谷创立，对汉沽城区形成的影响，与"永久黄"对塘沽城区形成的影响类似。汉沽的渤海大楼、渤海菜园等地名，都由这家公司派生而来。但在"永久黄"强大光环的笼罩下，渤海化学工业公司的整体影响显得相形见绌。

历史真是惊人地巧合。滨海新区大港城区的形成，也与化学工业密切相关。因为大港石油资源的开发，催生了一批相关的石油化工企业，其对大港城区的形成，也起到了决定性的作用，只不过这已经是 20 世纪七八十年代的事了。

天津滨海新区的逐步形成与作为行政区划的最终确立，海洋化工产业的发展起到了重要的推波助澜作用。

6. 塘沽开港与天津滨海地区城市化完成

国家对天津城市定位的确立，虽然有着较长时间波动和调整过程，但天津作为海港的优势一直是被认可的。

天津港口发展的历史十分悠久，随着天津的成陆过程和社会发展，其重心曾沿海河不断迁移，并最终在 20 世纪 50 年代初大体完成了由河港向海港的转化。天津港的形成过程，对推进天津滨海地区主要是塘沽地区的经济社会发展和城市化演进，产生了持久而深远的影响。天津港由河港到海港转化大体完成的同时，塘沽城区也基本完成了其城市化的进程。

东汉末年，曹操出于统一北方的军事需要，在华北平原上开凿了平虏渠、泉州渠、新河渠，将许多大河连通在一起，形成以海河为中心的航运网。隋炀帝时，又开凿了永济渠等，形成了贯通南北的大运河，天津地区航运遂由区域性转为全国性，为天津港日后成为中国北方水陆交通枢纽奠定了基础。迫至唐代，天津港逐渐形成河海航运要冲，揭开了天津港区中心沿海河迁移的历史。

今东丽区的军粮城，唐代时位于永济渠、滹沱河、潞河三水汇流入海之处，故称"三会海口"。当时大批漕运军粮等都在此贮存转运，军粮城遂成为天津地区最早的海港。宋代黄河北迁夺取界河（今海河）入海口，天津滨海地区海岸线迅速从军粮城向东推进，加之宋辽两国沿界河长期对峙，军粮城逐渐失去南北转运功能，其作为海港的历史宣告结束。

直沽是金元明清时期，以转运漕粮为主的内河港。元明清 700 多年间，中国维持南北统一的盛势。北京作为这几个朝代的都城，一直是全国最大的消费中心，各类生活必需品多要从南方转运，天津南运河、北运河与海河交汇的三岔河口一带，形成新的河港，成为交通要冲和漕运重地。

1860 年天津开埠后，紫竹林一带逐渐形成新的港区。紫竹林原为村落，在天津老城东南马家口的海河西岸，对岸的大直沽是清代大型漕船和商船停泊之地，也是各类船舶从海上进入三岔口港区的必经之路。这里沟汊纵横，田泊交错，河宽水深，修筑码头、发展港口的自然条件十分优越。因此根据天津开埠通商的《北京条约》，英国、法国和美国三国很快选中紫竹林一带开辟租界地。租界划定后，英、法两国工部局沿河修建起六处石块和木桩结构码头，其中英国租界五处，总长 1090 英尺[1]；法租界一处，长 90 英尺。这些外国在天津最早修建的码头，俗称"紫竹林租界码头"。随着帝国主义势力的进一步入侵，天津港的规模和职能逐渐发生变化：传统的中国帆船被大型轮船取代，内河航运为主转为海运为主，内贸性主权港口成为殖民性外贸港口。1900 年八国联军侵华战争后，帝国主义列强又根据《辛丑条约》在天津新划或扩充租界，同时新建了一批码头。清光绪二十七年（1901年），清政府下令停止漕运，原来三岔口港区很快衰落，天津港区中心遂移到紫竹林。

天津开埠后，侵华列强在海河下游的塘沽也纷纷圈占势力范围，修筑各种类型的码头，如英国的东沽码头、法国的仪兴码头、德国的东兴码头、美国的美孚码头、俄国的久大码头、日本的邮政码头、意大利和奥地利的八号码头等。这些码头水深普遍超过紫竹林码头，便于停靠无法进入紫竹林的大型船舶。此外，中国的大型民族工业企业轮船招商局、开滦矿务公司、启新洋灰公司等，也在塘沽的海河两岸修筑了一批码头。塘沽地区码头的兴建，虽然没有很快促成天津港口重心的迁移，但却反映了港区向深水域延展的倾向。根据天津海关报告，自 1900 年至 1931 年，天津港外贸值平均占全国贸易总额 10% 以上，并且逐渐由转口贸易转为直接贸易，一直紧随上海之后，保持着全国第二大港的地位。

1937 年天津沦陷后，日本帝国主义者独占了天津港，成为其掠夺中国财富和供应侵华军需的重要转运地。为了推行"以战养战"的侵略方针，掠夺急需的战争资源，日本方面先后在天津市区和塘沽地区新建、扩建了码头，但这些仍难以支持其侵华战争的需要。因此自 1938 年起，日本内务省就开始在河北沿海地区实地勘察，准备修建海港。1939 年5 月，日本"兴亚院"制定了"北支那新港计划案"，以塘沽位置居中、背靠天津、交通方便等为由，力主在海河口北岸距离海岸线 5 千米的海面处修筑新港。同年 6 月，日本在北平设立"北支那新港临时建设事务局"。1940 年，该事务局移设塘沽，并于 10 月 25日正式开工建设塘沽新港。1941 年，"北支那新港临时建设事务局"改称"塘沽新港港湾局"。日本人本来有一个庞大的建港计划，要建 30 千米长的南北防波堤，开挖长 13.4 千米、宽 200 米的航道，建码头 12 座和船闸 1 座，设计年吞吐量 2700 万吨，全部工程拟于 1947 年竣工。但随着日本在太平洋战场的不断失败，建港计划三次缩减，到 1945 年

1　1 英尺 =0.3048 米。

投降时完成还不到一半。

1945年8月日本宣布投降不久，南京国民政府在美军的帮助下抢占塘沽新港以及紫竹林和塘沽的码头。1946年，为扩大港口吞吐能力，南京国民政府将日本占领时期设立的塘沽新港港湾局改组为塘沽新港工程局，在原筑港工程基础上进行维护性建设。1947年初，新港勉强可以停靠船装卸。之后又制定了筑港三年计划，但因南京国民政府发动内战，资金不足进展缓慢，新建项目甚少，只搞了一些零星整修。1948年底，因航道和港池淤浅严重，轮船已无法进出，新港几成"死港"。

1949年1月17日塘沽解放，中国人民解放军天津区军管会对塘沽新港工程局及码头、仓库等设施进行接收。1950年9月15日，成立交通部天津区港务局，专门管理天津港口的航政、港政和装卸、仓储等业务，这是天津港口有史以来第一个实行统一管理的政企合一机构。1951年8月24日，中央政务院成立塘沽建港委员会，决定继续修建塘沽新港，以发挥其枢纽作用。同年9月新港工程全面开工，次年10月一期工程告竣。1952年10月17日，塘沽新港举行开港典礼，天津港口大体完成了由河港向海港的转折。当天，万吨级轮船"长春号""北光号""海安号"等驶靠码头装卸。周恩来总理专门为新港开港题词。10月25日，毛泽东主席专程视察了塘沽新港。

塘沽解放和新港开港，其实还有着更深一层意义：这就是标志着塘沽地区由分散的村镇向城市转变的最后完成。1949年以前，塘沽地区一直是南北两岸分治，南岸为天津县(最初属静海县)、北岸为宁河县。1949年1月17日，即塘沽解放当天，天津市人民政府就设立了统一管理海河两岸地区的塘(沽)大(沽)办事处；同年3月，塘大办事处改称"塘大区"；1952年1月，塘大区又更名"塘沽区"，并提出改造旧市区、开辟新市区计划。如果从1860年塘沽地区开埠算起，它仅用了90年时间，就完成了从农村到城市的转化，这在当时的经济和历史条件下，不能不说是一个少有的个案。塘沽新港的建成开港，则为塘沽地区城市化进程画上了一个完美的句号，同时也预示了一个新的发展的开端。

与塘沽几乎同时，汉沽地区也大体完成了其城市化的进程。1948年12月14日汉沽解放，划宁河县土地建立汉沽特别区，属晋察冀边区冀东第十五专区，1949年8月7日改属天津专区。1949年10月7日，汉沽特别区改为汉沽镇；1954年1月1日，汉沽镇改为汉沽市；1958年6月12日，改为天津市汉沽区。1960年3月1日，滨海新区汉沽重设为汉沽市，改属唐山；1962年8月16日复归天津，仍称"汉沽区"。

滨海新区大港于1979年才最后形成建制，此前其行政归属和政府所在地并不固定，因此城区城市化步伐最晚，到 20 世纪 80 年代中期才基本完成。大港地区 1949 年 1 月解放，地域分属天津、静海、黄骅三县。1953 年 5 月天津县撤销，原属天津县的地域改属南郊区；1958 年撤销郊区，今大港地区中塘镇等随南郊区划归河西区；1962 年郊区恢复，划入河西区的地域复归南郊区。1963 年，分黄骅、静海各一部分地域建天津市北大港区，区政府驻今赵连庄乡洋闸。1970 年，北大港区并入南郊区。1979 年又从南郊区析设大港区，辖原北大港区地域，同时又将南郊区的中塘镇等划入，此后大港区行政和建制才稳定下来，1985 年才正式迁入政府办公楼。

2009 年，随着作为行政区的滨海新区正式成立，塘沽区、汉沽区、大港区已成为历史。

7. 滨海新区与天津海洋经济发展战略

天津市的滨海新区，既然以"海"命名，显然摆脱不了海洋文化的影响。如今，海洋经济已成为这个区域最重要的支柱产业。

"滨海新区"概念，虽然直到 1994 年才正式提出，但如果要叙述滨海新区发展历史，必须追溯到天津经济技术开发区的建立，这是天津滨海新区发展的起步点。

从 1952 年天津开港，直到 20 世纪 80 年代初，整整三十多年间，天津滨海地区的地理位置和自然资源等特点，一直未能得到重视和发挥。直到有了天津经济技术开发区，滨海地区的整体优势才日渐显现，其在天津全市生产总值中所占比重开始发生变化，最终彻底改变了天津经济发展和城市空间布局。

天津经济技术开发区又称"泰达"，实际是"TEDA"的汉语音译，而"TEDA"则是天津经济技术开发区的英文名称缩写。1984 年 12 月 6 日，国务院《关于〈天津市进一步实行对外开放报告〉的批复》下发，批准天津经济技术开发区建设方案要点，标志着天津开发区正式建立，成为国务院批准的首批沿海城市开发区之一。

1985 年，在天津市第十届人民代表大会第三次会议上，天津提出"一条扁担挑两头"的战略构想，即"整个城市以海河为轴线，改造老市区，作为全市的中心，工业发展重点东移，大力发展滨海地区"，同时"开辟海河下游新工业区""建设发展滨海新区"。这很可能是"滨海新区"四字第一次出现在天津的正式文献中。

1986 年 8 月 21 日，天津经济技术开发区建立还不到两年的时候，中国改革开放的总设计师邓小平同志就亲临视察。他以一个政治家的深邃洞察力，欣然留下"开发区大有希望"

的著名题词。当邓小平同志看到天津港和天津中心城区之间的丰富荒地资源时，又以伟大战略家的远见卓识精辟地指出："这是个很大的优势，我看你们的潜力很大，可以胆子大点，步子快点。"邓小平同志的题词，还仅是针对开发区的展望，可后面的简短几句话，已经对天津滨海地区的发展前景充满了新的期待。天津开发区、天津保税区以及原本就拥有相当基础的天津港，此后日新月异地发展起来。1994 年 3 月，当这三大功能区已经足以担当起天津滨海地区开发建设的主导力量时，天津抓住了历史性机遇，在本市第十二届人民代表大会第二次会议正式提出"三五八十"四大阶段性奋斗目标，决定"用 10 年左右时间，基本建成滨海新区"。

2002 年年底，天津市提前实现"三五八十"四大阶段性奋斗目标，宣告基本建成滨海新区。2006 年年底，滨海新区国内生产总值达到 1960.49 亿元，占天津全市的 45%；全方位开放格局也基本形成，外贸出口总值达到 226.2 亿美元，占天津全市的 67.4%；全区实际利用外资 33.45 亿美元，是外商投资回报率极高的地区。

2005 年 10 月 11 日，中国共产党第十六届中央委员会第五次全体会议通过《中共中央关于制定国民经济和社会发展第十一个五年规划的建议》，提出"珠江三角洲、长江三角洲、环渤海地区，要继续发挥对内地经济发展的带动和辐射作用，加强区内城市的分工协作和优势互补，增强城市群的整体竞争力。继续发挥经济特区、上海浦东新区的作用，推进天津滨海新区等条件较好地区的开发开放，带动区域经济发展"。

2006 年 5 月 26 日，国务院下发 2006 年第 20 号文件——《关于推进天津滨海新区开发开放有关问题的意见》，明确了对天津滨海新区的功能定位：依托京津冀、服务环渤海、辐射"三北"、面向东北亚，努力建设成为我国北方对外开放的门户、高水平的现代制造业和研发转化基地、北方国际航运中心和国际物流中心，逐步成为经济繁荣、社会和谐、环境优美的宜居生态型新城区。

2006 年 7 月 27 日，国务院批复《天津市城市总体规划（2005—2020 年）》，进一步明确天津滨海新区的功能定位，要求将滨海新区建设成为"我国北方对外开放的门户、高水平的现代制造业和研发转化基地、北方国际航运中心和国际物流中心，以及宜居生态型新城区"。

2009 年，滨海新区作为独立行政区正式设立，原滨海新区范围内的塘沽、汉沽、大港三区撤销。就在天津城市整体空间发展布局彻底改变的同时，天津经济发展的格局也发生着巨大变化，海洋经济在天津经济发展过程中的战略地位不断加强。

2013 年，经国务院批准，国家发展和改革委员会印发《关于天津海洋经济发展试点工作方案的批复》，正式批复实施《天津海洋经济发展试点工作方案》，同时还发布《关于印发天津海洋经济科学发展示范区规划的通知》，正式批复实施《天津海洋经济科学发展示范区规划》。天津继山东、浙江、广东和福建之后，正式成为全国海洋经济发展第五个试点地区。

根据天津市《2014 年海洋经济统计公报》，2014 年全市海洋经济生产总值达 5027 亿元，占全国海洋经济生产总值 8.39%，占全市生产总值 31.97%。单位岸线产出规模超过 32 亿元，位居全国沿海省区市前列。天津海洋经济的发展，明显快于全国海洋经济和全市经济，具有涉海服务业发展快于工业，海洋新兴产业发展快于传统产业、重大项目带动产业经济发展，海洋科技引领产业转型发展等特点。南港工业区、临港经济区、天津港主体港区、塘沽海洋高新区、中新生态城滨海旅游区和中心渔港六大海洋产业集聚区建设加快，海洋产业集群化、循环化发展。

8. 既是结语也是开篇的所谓"高度概括"

综前所述，我们不难看出天津海洋文化历史发展的大致脉络和其间的逻辑关系。

首先，就是依河靠海的自然地理位置，因这样的位置才有"渔盐之利"和"航运之便"。"渔盐之利"解决了生存问题，"航运之利"则促进了交流与发展，使天津城市及周边村镇（尤其是滨海地区）逐渐走向繁荣。

因为航运之利和政治考量，李鸿章把铁路修到了天津，开滦的煤和长芦的盐由此外运，外国的洋货则由此内销。因为有取之不尽的化工原料——海盐和便利的水陆路交通，所以范旭东、聂汤谷等才看中塘沽和汉沽，建起永利碱厂、久大精盐公司以及渤海化学工业公司，同时兴建大批配套设施，初步奠定今日塘沽城区和汉沽城区基础。

城市和航运的发展促使码头出现，码头由分散走向集中，具备了建设港口的基础。而天津港的建成，又促进了塘沽城区的迅速崛起。改革开放初期，铁路、港口及盐田（土地），几项条件综合到一起，决定了天津市 20 世纪 80 年代做出重大决策——设立天津经济技术开发区（"泰达"）。

有了"泰达"的基础，天津市才在 1994 年提出"十年建成滨海新区"的又一战略性决策。而随着滨海新区功能的不断完善和发展，又为天津赢来新的历史性机遇——由地方发展战略上升到国家发展战略，成为中国经济新的增长极，并于 2009 年正式设置了作为独立行政区的滨海新区。而滨海新区海洋经济的深厚历史积淀和现实发展潜力，最终使得天津海洋经济发展纳入国家发展战略。

　　天津经济、社会和文化的发展，最初肇基于海洋，如今又回到海洋。海洋文化犹如天津文化的魂魄，在历史发展过程中不断地画圈，虽然属于否定之否定的螺旋式上升，但也不能不说这是一种自然地理条件决定的"天命"——濒海的天津，永远离不开海洋！

中国海洋文化

海洋渔业
传统盐业

第一章
捕鱼制盐

2004年6月16日于天津拍摄，停靠在港口的渔船和网具终于有了"休息"的时间（CFP供图）

海洋渔业

品种繁多的鱼类，是海洋对人类和人类文化的赐予。远古社会，人类对自然的依赖性强，因此捕捞和狩猎的发展早于农业种植。天津濒临渤海，土地斥卤不毛，居民惟渔盐是求，经过世代开发，终成"鱼盐之薮"，所以说天津自古即有渔盐之利。

据考古研究，早在新石器时代已有天津先民在当时的濒海一带捕捞贝类和鱼类。几千年来，海洋捕捞在天津延绵不断；直到今天，仍然保持着"津沽食品之出产，当以海物最全"的优势地位。天津人对"海货"的钟情和喜爱，也远远超出内陆地区，每到海产上市季节，百姓争购，趋之若鹜。天津谚语说："当当吃海货，不算不会过。"可见海洋文化对天津社会生活习俗、食俗影响之深。

由于有了历史奠定的基础，近代以来，有关水产和海洋捕捞的教育方面，天津也走在了全国的前面。

1. 渔业生产

天津历史上，有宁河、汉沽、塘沽、津南、大港等区县濒临渤海，海洋渔业资源丰富，海洋渔业生产历史悠久。约在六七千年前，天津已有人从事海洋捕捞活动。据考古发掘，濒海一带已出土战国至汉代的各式"陶网坠"和"丽蚌网坠"等渔具。明代有"晒网家家集野汀"的记载。

清代初期，因惧怕群众从海上接应驻守台湾的郑成功大军，有"片板不准下海"之令，断绝了沿海渔民的生路。后来允许"徒步采捕"，即渔民只能在海水沿潮时，采集一些蛤蚌之类。清康熙十一年（1672年），虽然允许渔民乘木筏缘海岸捕捞，但收获量很小，渔民生计仍然困难。

清康熙十八年(1679年)，清王朝开放了捕鱼的海禁，水产增加很快。到了清雍正初年，天津海口的渔船已达到400多只，其中一半为采捕之船，一半为接运入口之船。这是因为，天津为内河港，港区在海河上游、与南北运河衔接处；为使对虾、黄花鱼等名贵海产品保鲜，必须有接运船只及时把鱼虾送到天津，再转运北京及附近地区。

古代捕鱼图

渔业的兴盛，促进了天津沿海地区的经济发展。据清康熙五十三年（1714年）塘沽地区所立《重修观音庵碑记》载："迩来吾沽之庐舍顿改前观矣，吾沽之丁壮日渐繁衍矣。结网而渔者虚往而实归，煮海而盐者日盛岁增矣。"很能说明这种发展的具体情况。此后，外地渔民也逐渐迁来定居，建立了许多渔村，如北塘、青坨子、蛏头沽、前避风嘴、后避风嘴、东大沽、西大沽、于家堡、驴驹河、高沙岭等村庄，都是在乾隆、嘉庆时期形成的。

天津的渔业发展了，但官府对渔民的层层盘剥也日益加重。当时，渔民每年分两季入海捕鱼；每季大船交纳税银十两，中船七两，小船四两。渔船进海口时，要缴守口人员一百文钱。此外，还要缴纳"黑土课米银"一钱五分。所谓"黑土课"，原来是沿海盐民缴纳的盐土税。后来，近海盐滩为海潮蚀没，盐民转为渔民，但还得交纳原先的盐土税。

渔船进入海口后，在天津海口和钞关口要缴两次税；贩运到通州马家桥、北京崇文门还要缴两次税。其中以崇文门鱼税最重，每车鱼需缴银三两三钱；此外，还常有恶霸土豪的敲诈勒索。渔汛期间，官府又常常抓船运粮，渔汛往往因此而错过。渔民冒着生命危险，终年在海上辛勤劳作，再加上如此沉重的赋税，生活之困苦可想而知。

清末，受近代文明的影响，直隶省开办了"渔业公司"；天津及沿海各县设立了"渔船捐局"，征收渔船税。民国时，各种捐征海渔船机构相继设立。加之兵祸连连，富有渔民转徙他方，另谋出路；贫困渔民颠沛流离，驾船出海，官府不加保护。苛捐摧残，使渔业生产丧失活力。

新中国成立后，党和政府办理渔业贷款，发放灾荒救济，成立渔业合作组织，迅速恢复和发展渔业生产。20世纪50年代，海洋渔业发展达到最好水平。1968年，海河防潮闸建立后，溯河性鱼类如刀鲚、银鱼、中华蟹蟹等，基本绝迹。近些年，由于海水污染，近海几无鱼类，于是转向海水养殖。

2. 海水养殖

　　天津海水养殖，开始于 20 世纪 50 年代，以渔港自然蓄水，纳苗而养。如宁河养殖面积为 1000 公顷，年产鱼、虾、蟹 120 吨左右。改革开放后，天津扩大养殖面积，分为精养和粗养。截至 2013 年年底，天津市海水养殖产量 12 269 吨，海水养殖面积 3169 公顷，海水养殖总产值 9.2 亿元。

　　天津海水养殖工厂化养殖区集中在滨海新区汉沽、塘沽和大港，现有养殖企业 47 家，海水工厂化养殖面积 89 万平方米，已建成装有海水工厂循环水设施、设备的养殖车间 30 万平方米以上。就滨海新区汉沽而言，25 万平方米以上封闭循环水养殖车间，是目前全国应用工厂化循环水设备与工艺集成力度最大的区域，其技术先进性、效益显著性在全国具有典型的示范和引领作用。

汉沽水产养殖区

渔民喜获丰收

3. 直隶水产讲习所

　　天津濒临渤海，是渤海湾最早和最大的开放城市，因此，中国最早建立的水产教育机构直隶水产讲习所出现在天津不是偶然的，而是天津引领近代海洋文明的体现。

　　直隶水产讲习所创办于1910年，隶属直隶劝业道，是中国早期现代化建设的一个部分。最初，该所借用天津长芦中学旧址（在河北黄纬路）开课，不久改为直隶水产学堂，设渔捞、制造两科。创办人及所长是中国最初一批水产和海洋捕捞专家之一的孙凤藻。

1912年，该所迁至天津种植园，即今河北区北站东水产前街。1914年定名为"直隶省立甲种水产学校"，学制为预科一年，本科四年，由直隶省教育厅管辖。1929年改为河北省立水产专门（科）学校，有预科和本科两级，本科分渔捞、制造两科；渔捞又分为航海驾驶、气象海洋、渔具、渔轮4部；制造分化学、细菌、工场3部。工场部下有干制、盐藏、制药、罐头、贝扣、酿造、制盐、食品制造诸厂及冷藏库。截至1937年，该校毕业学生计有甲种220余人，专科160余人，服务于全国的水产行政机关及教育机关，均从事水产事业。中国第一批海洋捕捞人才就是由这里走向全国的。

校长张元第是中国著名水产教育家，素有"南侯（侯潮海）北张"之誉，也是中国当年著名的"水产三杰"（另"二杰"为郑恩授、刘纶）之一。1922年，张元第毕业于东京农商务省水产讲习所，回国后任该校制造科主任，1930年任校长。1931年由他主持创办的《水产学报》，是我国第一份水产专业的学术刊物，被水产界誉为"凤毛麟角，不可多睹"。

该校学生积极参加"五四"爱国运动。1919年5月14日，天津学生联合会在该校举

直隶水产讲习所

行成立大会，高等工业学校学生谌志笃当选为正会长，南开中学学生马骏当选为副会长。1935 年考入该校高级职业班渔捞科的学生邵冠祥，是 20 世纪 30 年代天津新诗运动的带头人和青年歌手，在天津现代文学史上占有一定地位。

1937 年"七七事变"后，该校停办。1945 年抗战胜利后复校。在 1952 年的院系调整中，该校被撤销，任教专家教授分别调往青岛——今天的中国海洋大学所在地，或上海——今天的上海水产大学所在地，其余教职员调至塘沽水产学校。

1958 年学校恢复，在天津成立天津水产学院，不久改为专科学校；天津恢复直辖市后，学校迁往秦皇岛。2000 年该校并入河北农业大学，并大学专科升为本科，设研究生教育。现已改名为"河北农业大学海洋学院"，设有 17 个专科专业，6 个本科专业，3 个研究生专业。在校生达到 3000 多人，初步建成了比较完整的学科体系。

天津所产之盐，是海水的结晶，是大海所赐。天津所产之盐，也因为管理机构所在地为沧州长芦镇，被称为"长芦盐"。长期以来，长芦盐是广大北方地区人们日常生活不可或缺的调味品和营养品。

盐业，是古代社会的支柱产业，也是历代王朝税收的主要来源之一。天津芦台盐场，更是贡盐基地。以清代而论，长芦盐年产量已增至600万引[1]，纳课税银70余万两，相当于清王朝全部盐课的10%，国库收入的1%。

自明末清初开始，天津成为长芦盐的产销中心，长芦盐生产得以快速发展，同时促使天津社会出现了一批享有专销特权的盐商阶层。盐商凭借自身的实力，影响到天津的城市建设、交通、文化教育和慈善事业，不但促进了城市的成长，而且对城市文化水平、文化实力的提高，也起了很大的促进作用。

1. 滨海盐产

天津滨海是长芦盐区的重要产地。天津在长芦盐区的历史发展中，起到了重要作用，长芦盐也成为天津城市发展的重要支柱产业。

早在西周，幽燕之地就开始产盐。据《周礼》记载："幽州其利盐。"《史记》也载："燕有鱼盐枣栗之饶。"西汉元封元年（公元前110年），朝廷向全国产盐多的郡县派驻盐官，其中，天津地区有渔阳郡泉州（今武清县城上村），"官给牢盆，募民煮盐"。

五代后唐同光三年（925年），幽州节度使赵德钧置芦台场，所产之盐贮于新仓（今宝坻县城），设新仓榷盐院，主管盐税、运销。节度使兼榷盐事。后晋天福三年（938年），置香河（含天津武清）榷盐院，设榷盐制置使，由芦台军使兼任。

宋景德元年（1004年）以白沟河为界，长芦盐区之河北为辽属；河南为宋辖。宋朝辖地盐政为直隶盐铁司。

1　引，旧制重量单位，各朝定重不一。清初定每引约125千克。

金大定十二年（1172 年），香河县析置宝坻县，新仓镇改隶宝坻县。次年，于中都路改置宝坻盐使司。金朝将海河以北至山海关的盐务，统归"宝坻盐使司"管辖；海河以南至山东盐务，交"沧州盐使司"管辖。与此相关，金朝开始实行盐的引销制度，划定各盐场销盐的地域范围，并在各盐场设置巡捕使，查禁私盐。当时的盐税收入，已跃居朝廷全部税收之首。直沽的漕运和盐业，成为金朝的经济命脉。

元太宗六年（1234 年），三汉沽（今三岔河口）一带盐卤涌出，特许高松、谢实等 18 户在此设灶煮盐；太宗八年（1236 年），又专门设盐使管理直沽盐场。元至元十六年（1279 年），设大都路都转运盐使司。至元十九年（1282 年），撤销大都路盐使司，分立大都、芦台、越支、三汉沽使司。至元二十二年（1285 年），复立大都路都转运盐使司。至元二十五年（1288 年），于三汉沽、芦台、越支复设盐使司。元大德七年（1303 年），大都路都转运盐使司并于河间路都转运盐使司。元泰定二年（1325 年），改称"大都河间等路都转运盐使司"，长芦盐区始有统一的管理机构。下辖渤海西岸 22 处盐场，其中天津境内有 6 场：咸水沽的兴国、富民 2 场，葛沽的丰财、厚财 2 场，宁河的芦台场，市区的三汉沽场等。

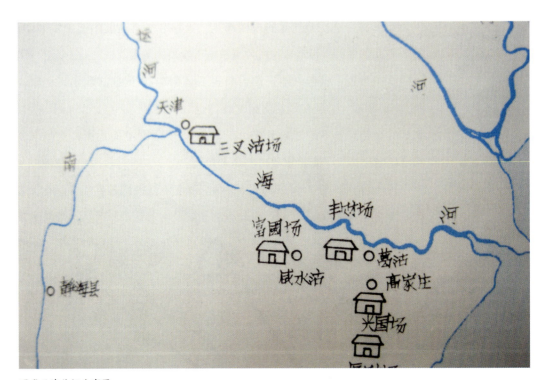

明代天津盐场分布图

明代，长芦盐区正式定名。明洪武元年（1368 年），于长芦镇（治所在今沧州市）置北平河间盐运司。长芦，原系古漳河一条支流之名，因两岸多芦苇而得名。转年，改称"河间长芦都转运盐使司"，隶属于户部，所辖渤海 24 场。明永乐初年（1403 年），省"河间"二字，直称长芦都转运盐使司（简称"长芦运司"），长芦盐区正式定名。明万历三十八年（1610 年），沧州分司由羊儿庄（今属黄骅县）移驻唐官屯（明代属青县，今属天津静海县）；青州分司由宋家营（今属丰南县县）移驻天津。

明代中期，天津境内部分盐场改煎盐为晒盐，产量、质量大增。明嘉靖年间，芦台场有锅 31 面。明隆庆年间，渤海盐场从 24 个并为 20 个，属南司、北司管理。南司有 9 场，北司有 11 场。天津境内盐场，都属北司管理。明万历年间，长芦盐场每年额定产盐 23.985 万引 [1]，盐业更加兴盛。明代盐业与漕运，是天津城市兴盛发展的两大支柱产业。

清代，天津成为长芦盐产销中心。清康熙七年（1668 年）和康熙十六年（1677 年），长芦巡盐御史署、长芦盐运司，分别从北京、沧州移驻天津，初期租赁民房，后于康熙二十七年（1688 年）驻于鼓楼东街。清雍正年间，先是改卫为州和直隶州，不久又设天津府，下辖天津、沧州等 6 县 1 州；在制盐方法上，则沿用明制，盐区大规模改煎为晒，长芦盐的产销发展到了一个新的时期。

清同治十年（1871 年），塘沽贡生井熙仿造江苏沿海风力水车，制成了有八面风帆的风力发动机，称之为"八卦帆"。八卦帆利用绳索调节风帆垂直面角度，可随风向变换受力点，使其在任何风向下都能定向旋转，并可调整风帆高度改变受力面积，控制转速，适用于盐业生产，从而开发了天津沿海地区风力资源。广阔的盐滩上，八卦帆星罗棋布，在海风的吹动下旋转，"咯咯"作响。那海水随之在滩池间"哗哗"流动，是盐滩上一道独特的风景。八卦帆以自然力代替人力，在盐业生产中使用了近 90 年，促使了海盐生产由劳动技巧向劳动技术的转变，是劳动手段的一次质的飞跃，是海盐生产技术进步的标志。

1925 年芦台场开始使用柴油机拉水，2 年后丰财场使用柴油机；1936 年塘沽南大滩（现塘沽新港一号路一带）使用电力拉水。1958 年天津沿海盐场全面使用电力，八卦帆退出天津盐业，各盐场相继建成水门，使用抽水机纳潮和导卤。盐业生产开始走向电气化和机械化，并在之后进行了多次大规模的修滩、改造、扩建工程。如此，不但盐田面积大幅增加，而且彻底改变了原先滩田分散状况，为改进工艺、提高机械化水平提供了条件。

1　引，旧制重量单位，各朝定重不一。明万历时定每引约 325 千克。

民国时期，原盐供过于求。1915 年，天津久大精盐厂生产出"海王星"精盐，结束了中国人食用原盐的历史。

2. 芦台贡盐

明、清两代长芦的御用盐砖，均由芦台场承造。盐的生产由煎到晒，是制盐技术的巨大进步。晒盐，是在近海处开辟盐田，设储水池、蒸发池、调节池、结晶池、保卤井、沟渠和涵闸等设施，直接引海水制卤晒盐；利用太阳辐射和风流，将海水自然蒸发浓缩结晶成盐。多少年来，储水、导卤、采收、集坨等工序，全部依靠人力完成，盐场工人使用水斗、铁锹、大筐等简单原始的工具，用汗水在茫茫盐滩上筑起了一座座高大的盐坨。

贡盐砖制作时，要精选白盐，淘净、磨碎、入模成型，再淋卤、风干、焙以木炭，刮去表层，便成盐砖。盐砖呈长方形，上窄下宽，晶莹洁白，每块重 15 市斤。明代额例，每年进贡 276 块。清承明制，清顺治五年（1648 年）增至 667 块；清康熙五十一年（1712 年）减为 267 块。芦台盐色白、粒大、质坚、味厚，古有"芦台玉砂"之称。宋之盐以河北称，元之盐以河间著，明则银花玉液驰誉长芦。

3. 盐商捐资

长芦盐的发展，还直接支持了天津地方各业，很多项目都是盐业者捐资兴建的。

重修天津城。卫城建立后，经多次修建。如清雍正三年（1725 年），大水淹城砖 13 级，城壕皆坏。由盐商安尚义、安岐父子捐资重修。重修后，西门门额由"西引太行"，奉旨赐名为"卫安"。"安"是安岐父子之姓，用其姓定西门之名，有奖励和纪念他们捐资修城之意。

建设柳墅行宫。它是天津城区唯一一座皇帝行宫，建于清乾隆三十年（1765 年），由长芦盐商合议、捐资所建。行宫位于河东区今六纬路与十二经路至十四经路交口一带，是规模浩大的古建筑群。乾隆对行宫十分喜爱，先后驻跸 8 次。有御题柳墅行宫牌楼、匾额、楹联及诗章等。清嘉庆六年（1801 年）柳墅行宫遭水淹，盐商公捐重修后，未能启用，道光末年拆卖。

重建海河楼。海河楼又称"望海楼"，位于老三岔河口北岸，西接崇禧观，为皇家园林。清朝皇帝巡视天津时，在望海寺、崇禧观等寺庙行香后，到望海楼进茶膳、观河景。清乾

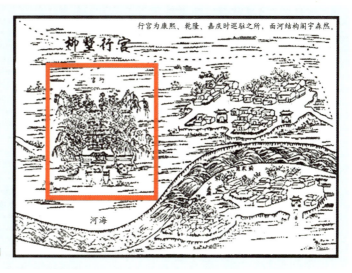

行宫为康熙、乾隆、嘉庆时巡驻之所，面河结构阁宇森然。

柳墅行宫位置图

隆三十八年（1773年），由天津盐商捐资重建。乾隆皇帝御题"海河楼"，并作了咏"海河楼"的御制诗。该建筑规模宏大，主楼为3层楼阁，登高便可望海，是当年天津标志性建筑。清嘉庆年间，由盐商捐款，曾两次修葺。

改建皇船坞。皇船坞位于"天津城南门外海河闸口三里北向"（今和平区解放桥、北安桥间）。清康熙五十二年（1713年）始建，清雍正元年（1723年），长芦盐业者出资改建，由长芦盐政管理，专供清朝皇帝游船而用。清嘉庆年间，由盐商出资，两次整修。

修筑互坨堤。长芦巡盐御史署和长芦盐运司移驻天津后，即在海河东岸设立盐关，并立坨。坨有新旧两坨，立石碑为界。石碑以南至季家楼为旧坨，堆贮盐商从盐场运到的生盐；石碑以北至盐关口为新坨，存贮盐商配引之熟盐。由于盐坨濒临海河，背靠东淀，地势低洼，多发水患。清雍正三年（1725年），由盐商出资修筑堤岸。乾隆年间，盐坨先后7次被水淹，皆由盐商捐资修整。清嘉庆六年（1801年），盐坨被淹较重，盐商公捐修整，并新筑季家楼至药王庙一段新堤。

修建浮桥。天津水多，渡口也多。由于明代渡口的船只年深日久，到清朝初期便淹废无存，行人叫苦。康熙年间，渡口先后建为浮桥。其中，清康熙五十四年（1715年），建西沽浮桥；康熙五十五年（1716年），建北浮桥；清雍正八年（1730年），建东浮桥；清乾隆五十四年（1789年），建窑洼浮桥等。皆由盐使和盐商捐建。

修建衙署及公所。天津的巡盐御史署、长芦盐运使司衙署，以及众多分司、盐场大使及长芦公所的衙署等，皆由盐业官商公捐而建。

浮桥模型

资助学校、书院。很多学校、书院都是盐业官商捐建。如盐商出资，对天津府文庙重建、修葺、重修；问津书院，由芦商查氏捐宅地，盐运使卢见曾所建；三取书院，由盐商捐建学舍和修葺；清乾隆年间，天津义学的修缮、房租杂税等，皆由盐商捐资解决。

资助南开系列学校。南开系列学校，由"南开校父"严修所创办。由于严家是盐商，对南开系列学校的建设多有资助。此外，盐商还有资助育婴堂、义冢、"施棺会"、救火会等义举。

4. 盐商富甲一方

天津是长芦盐产销中心，明代中叶以前，所产芦盐一直由国家专卖；明代中叶以后改为"引岸专商"制度，即由官府收盐，商人缴价领盐，并发给盐商"引票"（俗称"龙票"，即特许销售凭证），规定引地（销地）、引额（销额），再按税率缴纳税款，再到盐场坨地，按引额支盐，然后运往引地销售。

清康熙年间，天津出现了一批运销长芦盐的专营商。其中，张霖及其盐伙查日乾，就是因销盐而发家的富商。

张　霖

字汝作，号鲁庵，晚自号"卧松老衲"，抚宁人。其父张希稳，清顺治年间行盐长芦，遂迁家于天津。张霖先做京官，清康熙三十四年（1695年），升为安徽按察使；3年后，迁任福建布政使；因在安徽失察属吏而降官，授云南布政使。

盐为高税商品，盐商具有垄断性质。自征税或专卖始，即有私盐出现。康熙年间，私盐夹带严重。清康熙十八年（1679年），"准盐臣刘安国题"，长芦盐区因"东连海滨，西邻漕河，私盐出没，商盐装运必须专员查验，以杜夹带"。

张霖承包芦盐运销，仅贩卖私盐一项，就得银161.78万两，于是在锦衣卫桥筑一带，先后建了"一亩园""遂闲堂""问津园""篆水楼""思源庄"等园林。"一亩园"中有垂虹榭、绿宜亭、红坠楼、遂闲堂诸胜。张霖对母至孝，他在京做官时，以母老告归，筑"遂闲堂"，一门和聚，奉亲之乐。他还依金钟河建了"问津园"（今中山公园原问津园旧址）。张霖在母亲去世之后，归丧故里，结庐墓侧，曰"思源庄"，以志哀慕。树石葱茜，亭榭疏旷，称为"小玉山"。

张氏园林名胜众多，书法名画充溢其中，延纳四方名俊，相与飞笺刻烛，殇咏其间。一时北游之士，如《明史》编纂姜宸英，大文学家梅文鼎，清康熙十八年（1679年）进士赵执信，被誉为"仙才"的诗人吴雯，《明史》纂修朱彝尊，常熟诗人徐兰，桐城派创始人方苞等，都曾客居张家。其中赵执信客居最久，并把此当家曰："吾以所居停者为家，谓归遂闲堂耳。"吴雯与张氏契分最深，雯籍中条山下，志言"构草堂十余间，贮书其中，有楼有亭，种竹艺梅"，终老而足。吴雯居张家数年后归里，张霖已为其构建了如其所言的庐舍。张氏系列园亭胜景，人气兴旺，为康熙年间天津第一。

清康熙四十四年（1705年）六月初，直隶巡抚李光地，疏参云南布政使张霖，出身盐贩，居家不检点，网外殃民，纵容孩子为非作歹，假称奉旨，贩卖私盐，得银160余万两。当时，工部尚书王鸿绪也密折奏参张霖，行京东私盐，每年得利十万余两。

清康熙四十四年（1705年）十月十三日，有旨命李光地严审具奏，判"张霖监候秋后处斩，家产入官"。同年十月十五日，刑部题康熙四十四年朝审事，因今年犯罪少，命停止处决，照例渐宽。由此，张霖被革职归堂，卒于康熙五十二年（1713年）。

查日乾

字天行，号惕人，又号蘖园，候选知县，顺天宛平（今北京）人。这是查氏北迁后的寄籍。查日乾是查氏家族的第七十八世，北迁第五世，水西庄第一代庄主。

查日乾幼年丧父，3岁时，随母寄居江南姊（江苏仪征知县马章玉）家。清初，奉母迁居迁于天津，初时家贫。先任天津关书办，后充当张霖的盐伙，于张霖户下，"领本行京东盐一万引"。查氏善于经营，加之同张霖在运销芦盐中，夹带私盐，以一万引官盐夹带私盐约十万引，每年获得的余利达一二十万两不止，由此而暴富。张霖被罢官抄家后，查日乾成为天津首屈一指的大盐商。张霖"帑案"虽波及查日乾，但奉御批："查日乾追银已完，念其母年老，待养无人，从宽免罪。"被监4年，幸免于难。

康熙皇帝对天津盐商的处理，使芦盐的营销受到一定影响。清雍正二年（1724年）巡盐御使莽鹄立办理销卖万道额引所积，召查日乾咨询，经他口陈指划，致使积引在一二年内解决，商民称便。

查日乾善于经营，为同辈所尊崇。查日乾及3个儿子所建水西庄，地周百亩，景观众多，为津门园亭之冠。水西庄集园林文化、诗词文化、戏剧文化、方志文化、刻板文化、金石文化、图书收藏文化和书画文化之大成。在百年兴盛中，寓居的文人、官员达300多人，其中相国3人（陈元龙、陈宏谋、英廉）；进士一二十人；大文人、大学者一百多人。聚会唱咏多达千场。乾隆皇帝在28年时间中，4次巡幸或驻跸水西庄，留下3首御制诗。

水西庄虽比张氏园林要晚，但影响大于张氏园林。究其原因，主要是水西庄规模更大，寓居水西庄的文人墨客更多，孕育的文化更加丰富，兴盛时间更长久。据研究，水西庄还是《红楼梦》大观园重要原型之一，大观园中的一些景观建筑，就是参照水西庄命名的。

查日乾读书不为章句，于史事尤精，著有《左转臆说》四卷、《史谀》四卷等，享年74岁。

安尚义

字易之，先世本朝鲜人，入奉天旗人籍，留在朝廷重臣明珠家中，做家臣。清康熙四十七年（1708年）迁居天津，借助明珠的势力，在天津、扬州两地，经营食盐，成为富甲一方的大盐商。所居沽水草堂，在天津城东南。

安尚义热心公益事宜，清康熙五十年（1711年），天津水灾，安尚义于南门外创粥厂赈济灾民。后此举历十余年不停。清雍正三年(1725年)，天津改卫为州，九年又升州为府，附郭天津县。天津府管辖"一州六县"，即天津、静海、青县、南皮、盐山、庆云和沧州，方圆126平方千米。这一年，天津大水，淹天津城砖13级，"城壕皆坏"。长芦盐运使莽鹄立，建议由盐商安尚义、安岐父子捐资重建。这次修城，不仅考虑其防卫功能，而且兼顾防洪、抗洪作用，降低城高，加宽城基，将原高3丈5尺[1]降为2丈4尺；基广2丈5尺改为3丈

---

1 1尺 ≈ 0.33米。

中国海洋文化 天津卷

36

2尺，上广1丈9尺，使天津城城墙成为梯形。重建后的天津城墙，周长1626丈6尺，共有1454个城垛。城东西长504丈，南北长324丈。东、南、西、北四个城门上的匾额更换为："镇海""归极""卫安""带河"。西门匾额由"西引太行"改为"卫安"，是奉旨赐名，以安岐父子之姓定西门之名，以示奖励和纪念他们捐资修城。

安 岐

安尚义之子。又名安七，字仪周，号麓村，别号"松泉老人"。安岐是清代书画鉴藏大家，"精鉴赏，凡檇李（今浙江嘉兴一带）项氏、河南卞氏、真定梁氏所蓄古迹，均倾赀收藏。图书名绘，甲于三辅。"建有古香书屋，为其所藏书画名迹处所。

安岐为征集书画，呕心沥血。收藏书画上至三国魏晋，下至明代末期，范围极广，数目甚丰，其中有许多历代精品，如展子虔《游春图》、范宽《雪景寒林图》、董源《潇湘图》等；书法名品，有王献之《东山松帖》、欧阳询《卜商帖》、米芾《参政帖》、黄庭坚《惟清道人帖》、蔡襄《自书诗札册》、范仲淹《道服赞》、欧阳修《灼艾帖》、王安石《楞严经旨要卷》等，均属于流传有绪的名作。

安岐所藏法书名画，基本都记录在其所著的《墨缘汇观》一书中，计收入历代法书332件，名画201件。该书成于清乾隆七年（1742年），共6卷。其中：法书2卷，续录1卷；名画2卷，续录1卷。每卷以时代为序先列目录，然后逐条著录，体例相当完备。每条先标其质地、尺寸、著色，后叙其内容、流传、品评优劣，兼能纠正前人之误，补充前人之缺。该书考证精当，颇具卓识，为著录古代书画的佳作。

安岐去世以后，家道中落，所藏大部分精品入清乾隆内府，其余部分散落在江南，多已不存于世。

安岐印章

张锦文

字绣岩，原籍天津静海。因经营盐业成为巨富，引号为"益照临"，故称八大家"益照临（张）家"。旧宅在北门内龙亭街东首，始建于清道光三十年（1850）。张锦文幼年丧父，家境贫困，后随母来天津谋生。他先在一家小饭馆当杂役，后充当天津海关道海锐的厨师。因海锐一度蒙冤入狱，张锦文赴京为之鸣冤。海锐深受感动，收其为义子，因排行第五，故称"海张五"。

道光年间，张锦文在江南河道总督麟庆家当厨房管事。他虽说口吃，但善于逢迎，与麟庆之子崇实、崇厚（后为直隶总督），以及崇实的妻舅文谦关系密切。凭此，他接办了盐商"引岸"，从事盐业运销。清道光二十年（1840年）前后，张氏又接办了河南安阳、林县、汤阴、淇县4县引岸，时称"业商"。不久，张氏再租办河北省房县和良乡县两个引安，时称"租商"。张锦文垄断6县食盐运销，大发横财，成为盐业巨富，跻身社会名流、大绅士之列，并出任芦纲公所纲总。张家除经营盐业外，还开设典当行，广置房产、田地。

张锦文曾配合官府，镇压捻军，受到清廷嘉奖，咸丰皇帝赏御书"尚义可风"金字匾额。

李善人花园（即今人民公园）里的中和塔（CFP供图）

李善人

名李春城，字筑香，原籍江苏昆山，约在清康熙年间来津落户。李春城之父李文照，原是盐店店员，因精明勤快，成为商业老手。后积资财，开办瑞昌号盐店。该盐店只零售武清口岸的官盐，其中夹带大量私盐，家道日渐丰裕。

清咸丰元年（1851年），李善人举"孝廉方正"，先以州同知用，复叙为通判知州，后又捐纳员外郎。清同治元年（1862年），授刑部四川司员外郎。不久告归回津，培养儿子。长子李士铭、次子李士鉁同科为光绪丙子科（1876年）举人，李士鉁又联捷为光绪丁丑科（1877年）进士。李氏于古籍原有旧藏，复经李春城、李士鉁父子广事搜求，网罗日富，于是在自家的私人花园荣园里建起了藏经楼，用来珍藏这些善本秘籍。"有宋元板百余种，明钞本二百余种，收藏之富，为北省之冠。"有这样文化底蕴的近代盐商，是非常罕见的。

清咸丰年间，李家接办了河南滑县、许州、临颍3县以及河北涞水县的引岸，在城里又开设福昌号盐店。后来，再接办河北鸡泽、永年、曲周等县引岸，并与其他盐商合办，包揽了十数处销盐口岸，李家遂成为盐商首富之户。

太平天国北伐逼近天津时，李善人与张锦文共同组织"团练"，配合清军，镇压太平军。清咸丰十年（1860年），英、法联军侵占天津后，李、张协同成立"商团铺民总局"，镇压群众，受到清廷"嘉奖"。

王益斋

天津"益德王家"创始人。原籍山西，精于生意。因早年开设"益德号"钱铺，故称"益德王家"。旧宅在城里户部街。清咸丰年间，王益斋代为盐商们收购苇席、麻袋，从中获利。后来，他在城西永丰屯一带，以放印子钱（高利贷）为业。盈利后，开设了"益德号"钱铺。王益斋一方面用高利贷积累资金，另一方面善于与盐商联系，以借支做生意。其苇席、麻袋生意越做越大，得一绰号"麻袋王"。

清末，外国货币涌进，与中国银两、银元并行，致货币混乱。王益斋为从事银钱业者提供浑水摸鱼、暴利发财的机会，王家由此而致富。王益斋常年与盐商打交道，深知各家根底。他与几家生活腐化的盐商订立契约，以盐引为抵押，借款接济。盐商们钱到手即挥霍一空，无力偿还；加之所借印子钱"利滚利"。几年后，王益斋先接办了河南长垣、东明、濮阳3县引岸，财力日盛；后又租办了大名、清丰、南乐3县盐引，一跃成为大盐商。

此后，王家又开设当铺、粮栈、海货店、钱庄，并兼并津郊土地数百亩，购置大批房产。清末民初，王益斋曾出任芦纲公所纲总。

益德裕高家

高家的先辈中，曾有一位充任过芦纲公所纲总，靠着官宦人家的出身，高家取得了河北省宁晋、晋县2县的销盐引岸专权，属于"外引"。因堂号为"益德裕"，于是称为"益德裕高家"。由于高家的先辈中，有戴深度近视眼镜的人，于是得绰号"高眼镜子"。

高家专营盐业，在清乾隆年间已财富显赫。高家的子孙们过着奢华的生活，每个"主子"都要配上一群仆人，每每出行，都要前呼后拥，非常排场。当时天津大户人家一般的娱乐活动，主要是听戏、游玩、收藏古玩、珍宝，高家却推出了"放生"。即选派仆人，耗费大量的人力、财力，到周围各省去收集购买奇异的活物，甚至会带着几十口人浩浩荡荡地走上几千里路，收罗活物。然后主人再把活物放生，以此"散财"为乐。这种所谓的"娱乐活动"，达到了疯狂的程度。再加上乐善好施，使高家在清光绪年间，便败得空空荡荡。

长源杨家

祖籍陕西长安府，明代迁居浙江杭州，任世袭指挥。后来到天津经商，最初经营银楼等，后来经营盐业，运销河北省武安、涉县、邯郸及磁县等地盐引，并开设"杨成源"盐店致富。

杨家之杨春农，字俊元，曾捐资兴办天津私立第一小学，为校董。天津县刘某为其挂匾"急公兴学"。杨家之杨少农，字宝恒，曾任天津芦纲公所纲总，在当时社会颇有声望。

杨家原住天津城西，后买了宫北街北端一处宅院，为"杨成源"天津店及住宅。该地原是太虚观旧址，被一个姓周的人购得，并于清嘉庆年间改建成住宅，而后转卖给杨家。经扩建修缮，共有房屋约209间，占地面积约6430平方米，建筑面积约4100平方米。

杨家在宫北共居住七代。杨春农为第三代，杨少农为第四代，经过八国联军、袁世凯壬子兵变、军阀混战及盐务经营亏损，家道渐衰。第六代大部分在国内外接受中高等教育，参加社会工作，担任医师、公务员、银行职员、律师及教师等。第七代"学"字辈，兄弟姐妹百余，不少人事业有成。

5. 盐业人士与文化

1928年，利用盐款税收筹股建立起来的盐业银行总行移建天津法租界时，特意在楼道窗户上使用彩色玻璃，镶拼成开滩、晒盐、运盐的全部工艺流程。由此可见与海洋文化紧密相连的盐文化，在天津的源远流长和影响之深，以及现代人对盐业生产和天津经济发展关系密切的深刻认识。

当年，盐业银行的负责人大都是有着深厚文化背景的知识分子，他们在操奇计赢、子母相权的同时，对文化事业都具有浓厚的兴趣与贡献。现在仅举几个荦荦其大的例子：

一是盘购《大公报》。《大公报》是中国现存报纸中历史最长的一家，至今仍然在香港出版。1918年盐业银行董事会成立，根据总经理吴鼎昌的建议，每年由行方拨出三万元作为研究经费。这笔钱日积月累，到了 1926 年竟将《大公报》盘购，吴鼎昌自任社长，同时他还兼任《国闻周报》和"国闻通讯社"的社长，从而开创了金融业控制报刊的先例。

二是搜集地方志。曾于民国初年担任交通银行协理的任凤苞（即任振采），于 1928 年来天津任盐业银行董事长。任氏平素喜藏方志，是海内方志收藏名家。他在天津的藏书处名"天春园"，所搜集的方志多为珍稀或孤本。新中国成立后，他将藏书悉数献给国家，归入天津图书馆。至今该馆的方志收藏在全国名列前茅，任氏功不可没。

三是珍藏稀世文物。盐业银行董事张伯驹，系该行创始人、民国初期河南都督张镇芳之子，平日喜藏文物。清朝末代皇帝溥仪居住天津时，曾将大批文玩字画抵押给盐业，后来被张伯驹用其父所遗之盐业股票购得，其中的字画全系宋元名人真迹，新中国成立后均捐献给故宫博物院。乾隆皇帝为给其母祝寿，曾特铸金编钟一套，亦为盐业银行贷款给溥仪所收之抵押品。后经该行经理陈亦侯设法保存，巧妙逃脱了日本侵略者和国民党要员的觊觎，终于在新中国成立后献给了国家。

海漕
海运

第二章
海漕海运

今日天津港码头（仝开健供图）

海漕

海洋运输是人类开辟的交通运输形式之一。从秦汉开始，沿海居民即借助广阔无垠的大海，开辟海上运输路线，从而促进了南北的经济交流和文化交流。

天津是大运河北端唯一一座依河傍海的城市，南北运河与海河在这里交汇；从天津出海，可以抵达沿海各省，远达太平洋和印度洋。汉唐时期，因这一带靠近北部边防，古"三会海口"即今军粮城，遂成为海漕的转运枢纽和军粮屯储之地。

金元建都北京，今日的天津地处"河海要冲"。这样的优越区位，极便于南北文化、运河文化以及海洋文化在这里交融并蓄。

从金代开始，南北运河与今海河交汇处的三岔河口一带成为漕运的重要枢纽，曾在此设直沽寨，派兵戍守。元代，直沽是海漕的中转港区，大直沽[1]成为海漕终点与河海转运的管理中心。明代罢海漕，漕粮运输改走运河，但也有部分漕粮需由直沽入海，运至北部边防重镇蓟州。清代沿袭明制，直至道光年间运河受阻，海漕才再次开启。

从某种意义上说，历史上的海漕，不但提升了天津的地位，也"舶来"了天津城。

1. 唐代海漕

为防御北方奚、契丹等游牧民族的侵扰，唐王朝在幽、蓟驻守重兵91 400 人、马 6500 匹，年需绸缎 80 万匹、粮 50 万石。由于给养庞大，当地无法筹措。唐王朝一面在扬州置仓备粮，海漕北上；一面开挖新河，取近道向幽、蓟输送。唐中宗神龙二年（706 年），沧州刺史姜师度于泉州渠故道开挖了新平房渠，南起"三会海口"，北达蓟州之北，大致相当于今天的蓟运河。南来的大批军需物资，可由"三会海口"（今军粮城）

---

1 元代称旧三岔口东南海口附近一带（今天津市东南海河北岸）为"大直沽"。

直达渔阳。军粮城成为海运的转输地，由此崛起为海口重镇。大诗人杜甫于唐天宝年间（742—756 年）作的《后出塞》诗曰："渔阳豪侠地，击鼓吹笙竽。云帆转辽海，粳稻来东吴。越罗与楚练，照耀舆台躯。"他在《昔游》中又写道："幽燕盛用武，供给亦劳哉。吴门转粟帛，泛海陵蓬莱。肉食三十万，猎射起黄埃。"写出了当时蔚为壮观的海运盛况。

2. 元代海漕

元世祖至元八年（1271 年）定都大都（今北京），朝廷所需的漕粮需要由江南北运而来，而且所需漕粮数量巨大，河漕运量较小且水量不济，于是开通海漕。有关海运的缘起，清代《日下旧闻考》作了记载："元人海运始于丞相巴延（巴延旧称"伯颜"，蒙语，财富的意思）。初，巴延平江南，以宋库藏图籍，命张瑄、朱清等自崇明从海道载入燕京。后，随献海运之议。"

元至元十九年（1282 年），命上海总管罗璧、朱清、张瑄等，造平底海船 60 艘，从海道首次运粮 46 000 余石，由此便开了海漕。海漕的始点港，是江苏太仓刘家港；终点港是大直沽。随着漕运的运力大增，运输线的增长，"沿山求屿，风信失时"，海漕的风险也很大。

刘家港，即今之江苏太仓东浏河镇。刘家港临河傍海，始于南宋，兴于元代。在疆域广大的元朝，为实现它南粮北运的需要，朝廷在短短几十年间重修大运河，新辟海运，不断扩大海外贸易，使刘家港成为当时江南河漕和海漕的集结地。民间流传中最有传奇色彩的江南首富沈万三，当时就寓居于刘家港，并经常泛海经商。

元代的太仓刘家港，是水陆交通枢纽。这里自然资源丰富，是典型的江南鱼米之乡；这里有优良的海港码头，其"海门第一桥"宏伟气魄，站在桥上，能感觉到几十里外海潮袭来的汹涌气势；这里有繁华的商贸城，商贾云集，商品充足，船队补给容易；这里是离南京最近的海港，便于朝廷与船队联系；这里有东南沿海一带众多经验丰富的驾船民工和一大批优秀的"船老大"，可供挑选。元代的太仓，迅速发展成为"东南巨州"，并被誉为"六国码头""天下第一码头"。元明清时代的太仓志书，对此多有记载。

最早提到太仓"六国码头"的文献，是桑悦编纂、刊于明弘治年间的《太仓州志》："元至元十九年，宣慰朱清、张瑄，自崇明徙居太仓，创开海道漕运，而海外诸番因得于此交通市易，是以四关居民，闾肆相接，粮艘海舶，蛮商夷贾，辐凑云集，当时谓之'六国码头'。"

明嘉靖年间刊印的张寅所纂《太仓新志》，也记此事："太仓，古娄县之惠安乡耳，至

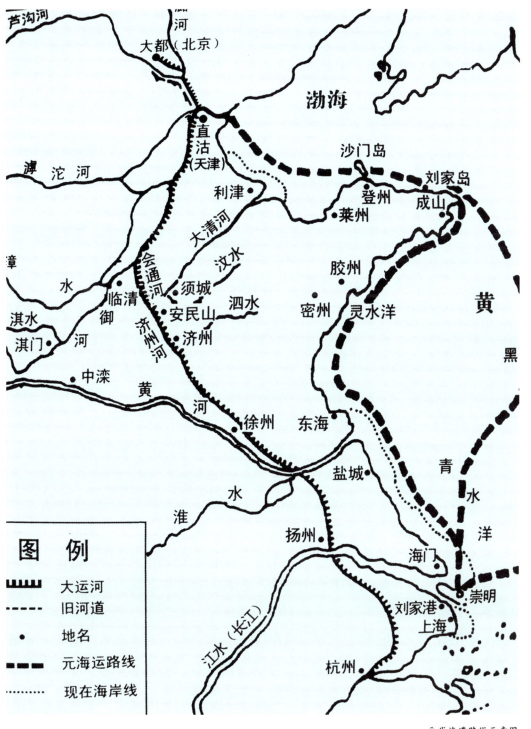

元代海漕路线示意图

图例

〰	大运河
---	旧河道
•	地名
━ ━	元海运路线
⋯⋯	现在海岸线

元朱清、张瑄创海运于此，而诸番辏集为市。国初（指明朝初年），由此而漕定辽，由此而使西洋，遂为东南巨州。"

明崇祯年间，邑人张采所纂《太仓州志》也载："海在州城东七十里，自刘家港南，环七鸦浦北百余里，东北至崇明县二百六十里，水面两岸距四十里，外通琉球、日本诸国，故元时南关称六国码头。"

清光绪年间，王祖畲所纂《太仓州志》也有类似记载："至元十九年朱清、张瑄自崇明徙居太仓，建海漕议，先是刘家港渐西，势日深广，瑄因道以入海，通海外番舶，蛮商夷贾，云集鳞萃，当时谓之'六国码头'。"

以上可知：元代至元年间，朱清、张瑄迁居太仓后，受命疏浚刘家河，并开通海道漕运。由于海运的兴盛，促进了太仓商品经济和市镇建设迅速发展。在很短的时间内，太仓由一个不满百户的村落，发展成为繁华发达的港埠码头。

元至元二十九年（1282年），海漕的第一年，自刘家港开洋，经黑水洋至成山，过刘岛至芝罘、沙门二岛，放莱州大洋，抵界河（海河）大直沽。由于航运路线长，运输时间长，要到第二年即"明年始至直沽"。

海运的组织者和领导者朱清、张瑄与殷明略等，都是太仓人。为了满足元大都对粮食日益增多的需要，他们经年累月地找寻从刘家港到直沽最佳的航线。第二年，千户殷明略又开新道，从刘家港入海，至崇明州三沙放洋，向东行入黑水大洋，取成山转西至刘家岛，又至登州沙门岛，于莱州大洋入界河大直沽。行漕在春夏两季，四五月南风起时，顺风而运，十数日即抵大直沽交卸。"朱清、张瑄、罗璧之功立，官至海运万户府，赐钞印，听其自印。钞色比官造加黑，印朱加红。"

大直沽傍河近海，距北京百余千米，有利于转运，成为海漕的终点港，元代时已经形成了繁华的聚落。在大直沽，还建有漕粮接运厅、临清运粮万户府（军队建制）等衙署治所。所谓漕运万户，是"部署其官，数往翼舟航，交受所运，达之京仓"；所谓漕粮接运厅，即朝廷选派官员，接受交护漕粮。明朝人胡文璧说："元统四海，东南贡赋集刘家港，由海道上直沽，达燕都。舟车悠会，聚落始繁。有宫观，有接运厅，有临清万户府……沿直沽而北，为丁字沽……又北为仓上，为南仓，为北仓，元朝储积之地。"

据《接运海粮官王公董鲁公旧去思碑》记载："凡运米以石计，岁三百五十万有奇，每春若夏再运，万户分命僚属焉。"由于春夏两季运量巨大，于是又修建了直沽广通仓和武清河西务的"十四仓"：永备南仓、永备北仓、广盈南仓、广盈北仓、充溢仓、崇墉仓、大盈

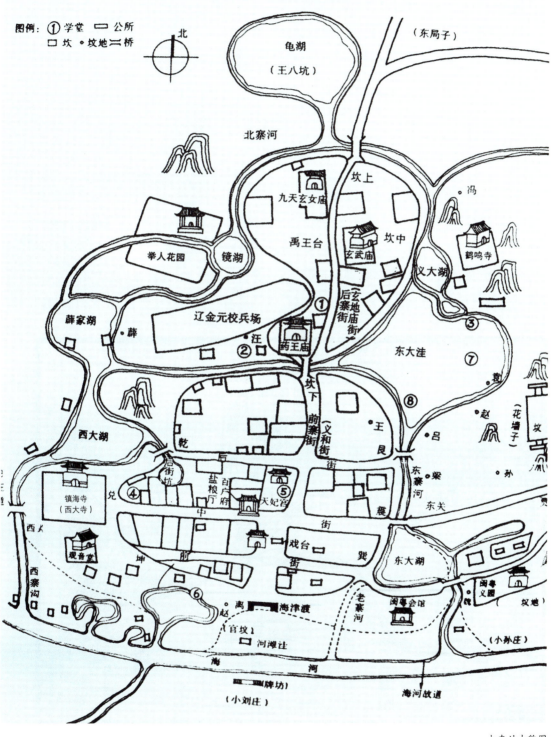

图例：①学堂 □公所
□坎 ·坟地 ⇌桥

北

龟湖
（王八坑）

（东局子）

北寨河

九天玄女庙

坎上

冯

禹王台

玄武庙

坎中

鹤鸣寺

举人花园

镜湖

义大湖

薛家湖

辽金元校兵场

·薛

·汪

①

后寨地庙街
玄地庙街

②

药王庙
①

坎下

东大洼

③

⑦

西大湖

乾

④

启街坑

中

盐粮厂

坎下

前寨街
义和街

王艮

⑧

·葛

·赵

·吕

（花墙子）

坟地

镇海寺
（西大寺）

兑

百户府

天妃宫
⑤

东寨河

东关

·梁

·孙

观音堂

坤

前

戏台

巽

东大湖

闽粤会馆

闽粤义园

（坟地）

西寨沟

⑥

·赵

海津渡

老寨河

河

·赵

官坟

河滩注

海河故道

牌坊

（小刘庄）

（小孙庄）

第二章　海漕海运　49

大直沽古貌图

仓、大京仓、大稔仓、足用仓、丰储仓、丰积仓、恒足仓、既备仓。

海漕船只既运来了漕粮，又运来了浙闽江淮一带的珍货，运来了南方商人，致使直沽人口迅速增加，手工业和商贸业也发展起来。正所谓"一日粮船到直沽，吴罂越布满街衢"。此时的大直沽，成为海漕终点重镇，成为漕粮的大通道；大直沽商贩云集，成为南北货物交流中心和集散地。

3. 明代海漕

明初，主要是行河漕。但明永乐元年至十三年(1403—1415年)却改行海漕。这时，北京虽非首都，却是原燕王朱棣驻守地，依然是个大都会，漕粮需求量大。海漕的重点港是天津，天津又一次成为漕运大通道。此时海漕运量未减还增，从初期的岁运60万石增加到永乐初期的100万石。海漕运来的不仅是粮食，还有茶叶、珠宝、洋货等，且运来了人流。漕船抵达天津后，漕粮卸下，再改为小船运输，经北运河，或由船民运，或由畜力拉，运

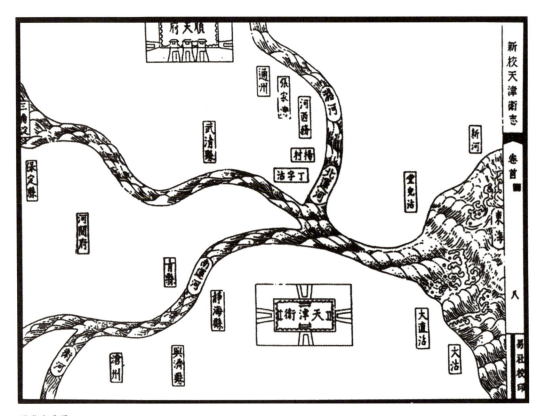

明代海漕图

到通州，再达北京。

　　经过千年的海漕、河漕运输，直沽地位终于有了突破性进展。明永乐二年十一月二十一日（1404年12月23日），在直沽设卫筑城，朱棣赐名"天津"，"名虽为卫，实则是一大都会所莫能过也"。由此，开启了天津城市历史的新纪元。从这个意义说，天津城是漕运的"舶来品"。

4. 清代海漕

　　清顺治十三年（1656年），清廷颁布了禁海令，但在康熙年间却部分开放。海上官纲户郑世泰，以天津地薄人稠，虽丰收不敷民食，吁恳康熙皇帝，由郑尔端、蒋应科、孟宗孔等，用海舟贩运奉天米谷，以济津民。康熙俞允，官府发得龙票，出入海口，照验放行。

　　清乾隆四年（1739年）五月，因直隶米价飞涨，乾隆降旨，谕令商贾等，将奉天米石由海路贩运，以济畿辅。康熙年间此处漕运不过十数艘海船，此时已渐增数百艘。同年十月，清廷下令，奉天由海路赴天津运粮米的商船可随意往来。漕船不光往来天津，前往河北、山东等地的航线也都通航。

　　清道光六年（1826年），试行海运。自开海运以来，原有商船500余只领船票粮照，往奉天采买粮米。此外又有渔船500余只，船身大小不等，梁头一丈以上的渔船，如有不畏海者，准其领照贩粮。道光二十八年（1848年），复行之，钦命大臣分赴（天）津、通（州），会同仓场侍郎验收，海漕开禁。道光二十六年（1846年）以后，每年海运江浙漕白米最少者三四十万石，运量最高者达150万石以上。

清代漕运图画

海运

天津虽然近海，但因受地区经济发展水平和传统专制制度的限制，海运不甚发达，只是在海河下游（俗称"海下"）有一些养海船的大户，往来于内洋。一般说来，天津的海船船小桅细，不能驶至外海，后来才有宁河海船，间或驶往浙江各地贸易。

清代中叶以后，随着海禁政策的放宽，天津海运业发展进入快车道，拥有大海船的船户，经常往于辽东贩运粮豆；闽广商船每年也应时而至天津。商业空前繁盛，市廛不断扩大，商贾云集，百货骈填。据口碑史料，大约在道光年间以后，天津海船亦有驶至朝鲜、日本进行贸易的。

开埠后，天津很快发展成中国北方最大的出海口，其腹地覆盖了大半个中国。英、法两国在天津紫竹林修建了"租界码头"。天津海运由传统的帆船运输为主，发展为以大型轮船运输为主，开启了从古渡扬帆到近代轮机海航的进程；对外贸易迅速发展，又很快使天津成为中国的对外贸易中心和北方的商业、金融中心。

1. 传统海运

天津海船历来规模不大，仅有单桅、双桅之分。特别是清康熙年间

传统风帆海船

以前，因实施海禁，海船很少。乾隆年间以后，海禁逐渐开放，海船开始逐年增多，然而官府仍然控制极严。

比如，天津、宁河等处商船，一律由天津道督同两县船户户长，将船只一律编列字号，开具花名册，送道备查。此外，还要"取船主、船邻并无奸匪偷漏夹带等情切结"。又如，"赴奉天贩运粮石，由天津道请有宪台衙门粮照，填给收执，回榷呈缴，不准乘机多贩，私越外洋。其渔船领有渔票，亦不准远越重洋"。如果私自去浙江等省贸易，由该处地方官查明执照，并移咨直隶省，"除将该船船主重治外，以后即不准该船再行出洋贸易"。严厉的限制，极大地制约了天津沿海一带远洋贸易的发展。

2. 海运粮豆米谷

清初虽然实行海禁，但对天津海船驶往辽东特别予以照准，这主要是因为天津人稠地薄，而辽东粮豆充盈。

康熙初年，专门负责此项运输的"官纲户"，也就是经朝廷委派的船户郑世泰，见天津城市人口逐增，贩运奉天米谷有利可图，于是以"天津地薄人稠，虽丰收不敷民食"为由，请用海船"贩运奉天米谷，以济津门"。朝廷接受了郑世泰的建议，准许他"用海舟贩运奉天米谷，以济津门"；但需由官府发给龙票，以备出入海时验照放行，这些人实际上仍然是一种经朝廷批准的专商。后来，当地郑尔瑞、蒋应科、孟宗孔等数家养海船的大户，也因此而专门从事奉天海运。此前，由天津去辽东，须绕行山东蓬莱的庙岛，为了这件事，康熙帝亲自勘定了由天津海口直至辽东海口的航线。

清康熙二十三年（1684 年）海禁取消，天津至辽东运粮的海船日渐增多。至清乾隆初年，粮禁亦开放，米谷可任意流通，天津的运粮海船顿增至 300 余艘，运量也由 7000 余石增至 2 万余石。嘉庆、道光年间，天津的运粮海船更增至 600 余艘，每年往返于辽东四五次或五六次不等，运量更猛增至 100 万石以上，沿海贫民以搬运粮石为生的，不下数万人。

随着海运的发达，天津养海船的大户日渐增多，如东大沽的乔岱，有海船 19 艘；如土城刘家、大口村韩家，都拥有海船多艘。他们专事辽东贩粮，成为当时天津著名的富户。

乾隆初年，海禁解除。清乾隆四年（1739 年）清廷发布上谕说："嗣后，奉天海洋运米赴天津等处之商船，听其流通，不必禁止。"从此由天津去奉天贩运米谷的船只大增，"从前不过十数艘，渐增至今已数百艘，不独运至津门，即河间、保定、正定，南至闸河，东至山东登莱等口，亦俱通贩"。当时，由天津东大沽至辽东贩运米谷，若风潮顺利，半年即可往返五六次，获银三万两。"初岁运牛庄米豆七千二百石。嗣益锦、宁、广、盖四州县。视前几加三倍。"天津作为华北地区的粮食集散中心，自清代中叶开始形成。

除贩粮外，天津还有往来于渤海沿岸其他城市进行商业航运的船只，汉沽的邵显章因养海船成巨富，人称"邵半河"。当时有人编歌谣说："粮字号买卖最吉祥，年深也把船来养，一年四趟，锦州、牛庄，荒年一载大沽光，一只可赚三只粮。钱来得涌，职捐得狂，蓝顶朝珠皆可想。"

天津海船往返于辽东贩粮的规模是如此之大，竟使当时留下了"天津米贵辽东贱，船来船去飞如电"和"不务耕获勤贸迁，能令饥岁成丰年"的诗句。大批的辽东粮豆由海路运到天津后，不仅供应本地所需，而且销至畿辅一带，从而使天津成为粮豆商品的集散地和转运中心。

随着天津海口船舶往来日益增多，康熙末年在大沽口设立了灯塔，以便夜间航行。

3. 南洋航线的开通

海禁开放后，天津在北方的经济地位显著提高，于是闽、粤、江、浙的商船开始放泊北洋，直趋天津，从而开通了天津至闽粤的航线。

南来的商舶中，以闽粤商船队规模最大。由于船巨货重，船队驶入渤海湾后，从大沽入口，往往需半月时间才能到达天津，"及到郡城停泊，连檣排比，以每船五十人计之，舵、水人等约在一万上下。"

闽粤商船北来时，满载大批珍贵的木料、铜器、缝衣针、纺织品、瓷器、工艺品、皮件、香料、赤糖、生果、特效药和金、银、锡箔等，南返时带走花生、大豆、杏仁、红黑枣、金针菜、药材、人参和各种干山货。南货至津和北货南贩，每次可获利三倍上下。

天津城北大关针市街一带，是当时的贸易中心，原无定名，当时广货北来以手工业品特别是缝衣针销量最大（因缝衣针的针孔当时只有广东工匠才能用手工制出），并在这里进行批、零销售，后来这里便取名"针市街"。

闽粤航线开通后，天津立即出现许多由闽粤籍人士开设的栈房，当时叫"洋行"或"局找"，为闽粤客商来津提供各种方便。如针市街的潮安栈，系专门为闽粤商人开设的旅店，同时代为客商贮存货物、介绍主顾、催取货款，甚至为客商评价出货，从而方便了客商们在津的贸易活动。为适应闽粤客商来津的居住和经商需求，闽粤会馆于清乾隆四年(1739年)在针市街建立，成为天津建立最早的会馆。不久，岭南栈和潮帮公所亦相继建立。

江浙一带的海舶称"北头船"，船体较小，每只船约载重七八十吨，船上的舵工、水手不过十余人。北上时以6艘为一小队，10艘为一大队，最多时有六七十艘，来往甚为频繁。

北头船一般由宁波起航，装载茶叶、毛竹、南纸、锡箔、铅箔、明矾以及福建杉木、江西瓷器，驶至上海再装粮食及日用品。回程时由天津装药材、核桃、红枣、瓜子和五加皮酒等，途经山东、辽宁再装一些高粱酒、粉丝、豆油、花生，到上海卸去部分货物，同时装载日用品，返回宁波。

这些船只的北航和南返，是利用每年的季候风，一般十余日即可驶达天津。此外，台湾和雷州的运糖船，每年也通过闽粤航线，应时而至。

对于南方海船的北驶，清王朝实行减低关税的优待政策。天津钞关的税额本为值百抽三，而对南来的商货则减半核收（即每100两货价抽1.5两折税）。即使如此，钞关的税收仍很可观。

当时，不论河船还是海舶，到天津后均须驶至北门外南运河岸的钞关浮桥处缴纳税金，其中以海舶的税金最多。时人作竹枝词[1]说："津关高设在河干，一到河冻收税难，只盼新

驶到天津的海舶商船
（古籍图画）

---
1 一种诗体，由古代巴蜀间的民歌演变而来。

秋风色好，洋船广到百忧宽。"由此可见闽粤及江浙洋船的到来，不但使南北商品得到流通，繁荣了天津的市场，而且成为天津税收的重要来源，这也是天津城市经济能够在清代得到迅速发展的重要因素之一。

随着漕、盐业和海运的发达，天津的商业也空前繁荣，成为海舶、盐筴、百货的总汇之区。

到了清代中叶，天津的各行商业与市廛出现了一派繁盛景象，尤其是北门以外，商贾云集，栈房林立；各种专门性的街道和市场纷纷出现，如估衣街、针市街、粮店街、锅店街、竹竿巷、布店胡同、肉市、鱼市、菜市、驴市……北门里金店、银楼、首饰店连连开业；北门外大街饭馆、茶叶店、点心店、海味店、纸店、鞋店、药店鳞次栉比；估衣街多为绸缎店，河北大街专营日用杂货。其中，估衣街与针市街是著名的繁华街道，白天游人如织，夜晚灯火辉煌。到鸦片战争以前，西方各国的舶来品也进入天津市场，东门外和北门外各有洋货街一条，专营出售进口奢侈品。天津诗人崔旭写竹枝词说："百宝都从海船来，玻璃大镜比门排，荷兰琐伏（一种毛纺织品）西番锦，怪怪奇奇洋货街。"

随着商业尤其是埠际间商业的发展，运送大量现银交易的方法日感不便。由于天津是南北商货的集散中心，于是率先出现了专营汇兑业务的钱庄。最早经营这项业务的，是山西商人雷履泰开设的日升昌颜料铺。客商去外地购货，只要行前把现银交日升昌，交纳一定的汇费，携带由日升昌开具的收据，到该地后即可由当地日升昌分部支取，从而大大方便了埠际间商业贸易活动。于是这项业务很快兴盛起来。不到数年，日升昌即因汇费收入而获利几十万两白银。清嘉庆二年（1797 年），雷履泰创办了专营汇兑业务的日升昌票号。从此，在天津的山西商人竞相效尤，汇兑业务从天津走向全国。

4. 洋行海运

清咸丰十年（1860 年），天津被迫开埠后，帝国主义在天津海河两岸划定租界。美国、英国和法国 3 国，占据了紫竹林。紫竹林原是一个村落，位于天津城东南马家口（今天津文化局一带）。紫竹林原有一座佛教庙宇，清康熙年间建成。因庙宇大殿内观音菩萨塑像背后画有紫竹，紫竹林由此而得名。这里是船舶由海上进入三岔口的必经之路，对岸又是大直沽漕船、商船停泊之地。此处沟渠纵横，田泊交错，河宽水深，地面广阔，环境甚好，是"吾乡已泽国，到此似桃园"，有发展港口的优越条件。

英、法两国先后在此修建了 6 处石块和木桩结构的简易码头，以及配套的库、房等，俗称"紫竹林租界码头"。紫竹林港区及其海关、航政、港务权，均被外国人所控制，这一时期到紫竹林码头停靠的都是大型轮船。各国殖民主义者凭借租界特权和航业条件，疯狂贩运鸦片，毒害中国人民，大肆进行掠夺性贸易。同时，也有棉花、纸张、五金等百余种洋货进口。

殖民主义者船只入侵、兴建紫竹林码头并进行掠夺贸易。至此，天津航运由传统的中国帆（漕）船运输，改为以大型轮船运输为主；由单一的内贸漕粮货类运输，改为多样的外贸杂货（洋货）为主；由主权的内贸港沦为殖民地性的开放港。

当时，在天津开展贸易的，主要是外国进出口贸易公司，也叫"洋行"。其贸易在物流运输方面，选择了海运。外国洋行和轮船，不但切断了中国帆船运输和中国与外国产品的联系，而且抢夺了沿海的贸易。比如：

英商怡和洋行。清同治六年（1867 年），在天津建立分行。该洋行不但有自己的轮船、船坞码头，还有打包厂、生产加工车间、仓库，并在天津有两条固定的航线。一条是广州—天津线，有基本航轮 2 艘，每月对开两次；另一条是上海—天津线，基本航轮 3 艘，每月对开三次。

英商太古洋行。清光绪七年（1881 年），在天津设立分行。太古洋行设立在津轮船公司以及码头、仓库。太古轮船公司成为与怡和轮船公司、旗昌轮船公司并驾齐驱的航运公司，开辟了沪港航线、长江航线，后陆续扩展中国沿海航线以及到海外的航线。光绪三十年（1904 年），太古在天津成立驳船公司，附设船舶修理工厂。它又和怡和洋行组成"西江商业航运公司"，垄断了广东西江航运业。20 世纪初，太古洋行的船只和吨位超越了怡和，占据了外国轮船公司的首位。太古与怡和一起，垄断了沿海、长江、珠江流域的航运。进入 19 世纪 30 年代后，经济的衰退对太古洋行的经营造成了影响，能够维系过去的业务和优势已经相当不容易了。

德商洋行。在津开设时间早，数量多，共 36 家。德商在天津开设比德、亨宝、天利三大轮船公司，自备大型客货轮，开辟从德国驶往远东及天津与大连、烟台、青岛间的航线。亨宝轮船公司在德租界建了亨宝码头以及仓库栈房，规模宏大。

德商礼和洋行轮船部，代理亨宝轮船公司汉堡—中国航线远洋运输业务。有远洋货轮十余艘，分为燃煤汽轮与燃油机轮两种；另有 35 000 吨级的世界游历船"芮苏路特"号（ResoLute）。第二次世界大战期间，该船在西西里岛战役中被英国海军舰队击沉。

5. 轮船招商局

轮船招商局（简称"招商局"）是洋务运动的产物，也是洋务派由军事工业向民用企业发展时兴办的、我国近代最早的航运产业。当时，由西方各国经营的航运业从中国攫取了惊人的利润。正在寻找"求富"之道的洋务派，认定航运业大有可为。

天津开埠后，外国轮船公司垄断了中国的进出口贸易和航运事业。当时，凡进出海河的船只，必须经外国公司同意，外国租界掌控了天津海河的领航权。

清同治十一年（1872 年），李鸿章派朱其昂、朱其绍在天津、上海联络华商，募集资本，选购船只，招聘和雇用管理航业和轮船驾驶人员。因系招商兴办，定名为"轮船招商公局"。李鸿章也投入 5 万两商股，中国官僚资本的第一家航运企业即从此开始。同年十二月十六日正式开办，总局设于上海，一切行政事务均秉承李鸿章的意旨办理。

转年，李鸿章委任唐廷枢为总办，朱其昂、徐润、盛宣怀、朱其绍等为会办，重新修订有关章程，规定资本为 100 万两，并改名为"轮船招商局"。在天津与牛庄、烟台、福州、广州、香港、汕头、宁波、镇江、九江、汉口，以及日本的长崎、横滨、神户，英属新加坡、槟榔屿、安南（越南）、吕宋（菲律宾）等处，设立分支机构。

清同治十一年（1872 年），在李鸿章的主管下，在天津紫竹林南面沿河地带（今太原道东海河旁）筹办了轮船招商局，建有码头及栈房；同时仿照西方有关制度，由众商集资汇办，成为洋务运动中第一个官督商办、与外商抗衡的近代化交通企业。备船多只，客、货兼载，经营由上海至天津的轮船运输。

招商局的成立，打破了外国轮船把持天津航运的状况，使天津出现了中国人自己经营的近代化运输事业；招商局以海运漕粮为主，同时兼揽客货。最初航线，以"福星"号轮，往来天津、上海之间。从清同治十二年（1873 年）始，清政府每年拨江浙海运漕米 20 万担[1]，由招商局轮船运往天津。轮船到津后，即由直隶总督筹备驳船转运京师。"每艘载米三千石，填发联单，由天津收兑局稽核"。轮船从上海起航时，由上海道填给免税执照，并按例酌带二成其他货物。二成之外另带货物，仍须纳税。此外，轮船招商局还承办天津及附近地区的赈粮运输。清光绪十五年（1889 年）江浙秋粮歉收，京津大米短缺，光绪十六（1890 年）和光绪十八年（1892 年）京津暴雨成灾，都是由招商局负责承运赈米，以解灾荒。

1　旧制重量单位，1 担 = 50 千克。

清光绪十年（1884年）六月，中法战争时，法国军舰在中国东部沿海四处骚扰，招商局船只无法营运，于是与美商旗昌洋行密约，将招商局全部财产以525万两的代价售与该行。所有船只改挂美国国旗，约定战后原价收回。光绪十一年（1885年）四月，中法议和，招商局依约如数收回。光绪二十年（1894年）七月，中日战争爆发，招商局又采用中法之役的办法，将全部海轮及局产，分售各国洋商航业公司代营，再次凭借外国势力的庇护保存了企业。

招商局在内忧外患之下，曾三次举借外债。特别是清光绪十一年（1885年），盛宣怀以局产向汇丰银行抵借30万英镑，商定年息7厘，分10年偿还。但借款之后，银价猛跌，金价上涨，为偿还借款，每年均多支出大量白银，损失巨大。

轮船招商局的创立，引起航运业外商的极度不满，立即遭到打击。英商太古洋行与怡和洋行，曾联合美商旗昌洋行进行削价竞争，将运价降低将近一半，上海至天津的"水脚"，每吨货运费由原来的8两降至5两；"客位"也减至一半或七折。当时，外商航行我国的船只达50余艘，而招商局连同代理船只不过16艘。由于有洋务派官僚的扶持，如招商局享有天津港漕粮专运权，清政府又特许沿海各省官物的承运权，漕运以及随同漕运，酌带二成免税货物等特权，增强了招商总局及天津分局与外商竞争的能力。特别是各省官民则群起维护，不乘外轮，支持招商局的轮运。到19世纪80年代初，北洋航线60%的收益为招

招商局轮船

商局争得。后来，招商局虽然与外国轮船公司订立了"齐价合同"，以吨位的多少共分"水脚"，招商局仍然可得 44 分，怡和、太古各得 28 分。在曲折中发展的招商局，改变了我国航运业被外国侵略者垄断的局面。

清光绪十三年（1887 年），美商旗昌洋行以航业竞争日剧，不堪损失为由，在唐廷枢与徐润的策动下，以高价将全部财产售予招商局，计有海轮 7 艘、江轮 9 艘、小轮 4 艘、趸船 6 艘，及上海码头五处、船坞一所、机械厂一所，天津、汉口、九江、镇江的仓栈四处。

招商局成立之前，天津港尚无中国籍轮船出入，此后，招商局的轮船超过英商轮船，居天津市首位。中国近代轮船业的发展，开启了中国从古代扬帆渡海，到近代的轮船越洋的航程，对沟通沿海交通运输、联系南北往来和对外贸易，都起了重要的作用。张焘《津门杂记》中有诗赞美说："报单新到火轮船，昼夜能行路几千；多少官商来往便，快鸟如飞过云天。"

6. 北方经济中心

在招商局以后，又有一些中国私营航运业投入海上运输，使天津紫竹林港到港船只迅速增多，内外贸易值迅速增加。清光绪二十五年（1899 年），到港轮船增到 864 艘，吨位

清末停靠在天津港海河码头的轮船

达 79.2 万吨，进出口贸易值达到 77 604 562 海关两 [1]。天津港洋货进口，在全国主要口岸中仅次于上海，占第二位。由此，开启了天津海运的现代化进程。

天津的开埠和海上贸易的发展，极大地改变了天津的城市地位，传统城市所蕴藏的经济火花很快迸发出来，并迅速燃烧。在不到半个世纪的时间里，天津便取代了北京的经济地位，一跃而成为中国北方的经济中心。

开埠前，天津作为水旱码头城市，只是区域性的经济中心；开埠后，通过海洋沟通了世界，成为了世界市场的一部分，特别是在港口贸易的发展方面，被外国人认为是天津城市"潜在的力量""来日的发展自不待言"。

到 20 世纪 30 年代初，在上海、天津、大连、汉口、广州的对外贸易额中，天津已占到 13%，其中棉花的出口量几乎占到全国的一半，而畜产品的出口量则要占到全国的60%，居全国各港口出口量的第一位。进口状况也是如此，这一时期天津港的面粉进口量要占全国的 35%，同样居第一位；至于棉花、煤油、木材、染料等货物进口，仅次于上海，居第二位。同期，天津港的进出口总额已占到华北地区的 60%，成为中国北方最大的进出口贸易港。

---

1 即"关平银""关平两"，清朝中后期海关使用的一种记账货币单位。

天津港海河码头船舶往来不断

天津在商业方面也是北方的中心。20世纪30年代，天津八个区共有商贸行业128个，商店17万家，商业从业人员居于全市各行业之首。当时，天津的腹地是华北、西北和东北三个地区，天津同时也是这三个地区的物资集散中心。

进出口贸易和工商业的发展，又拉动了天津金融业的发展。从19世纪80年代开始，著名的外国银行，如汇丰银行、华俄道胜银行、横滨正金银行等纷纷在天津设立分行。不久，华资银行，如中国通商银行天津分行也出现了。

到了20世纪20年代，天津在全国的经济地位显著提高，华资银行在天津大规模发展起来，如资金雄厚的金城银行、大陆银行、盐业银行、中南银行、中孚银行、大中银行等先后在天津开业。盐业银行和中南银行的总行虽然分别设在北京和上海，但两家银行的股东多半是居住在天津的官僚和军阀，而且经营重点也在天津。所以盐业、中南、金城和大陆这4家银行并称为"北四行"，它们的金融实力可与上海的浙江实业银行、兴业银行和商业储蓄银行等"南三行"相比照，因此并称为"中国南北两大金融集团"。

当时，中外各大银行均开设在英租界的中街（维多利亚路）和与之相连的法租界大法国路（即今解放路），银行建筑雄伟挺拔，气势宏大，因此这两条路被称为"银行街"或"金融街"。

早期农业开发
屯垦种植的发展
近郊农业的发展

第三章

农耕屯种

天津地区的农业开发，因地理环境的关系，较黄河流域为晚。然而，这一带地势低洼，河湖淀泊密布，又为早期的农业发展提供了有利条件。

天津市附近的考古发掘证明，早在新石器时代已有先民在这里从事种植活动。春秋战国之际，古黄河南迁，流经天津平原入海；黄河带有大量泥沙，造成大片冲积平原，洪水、潮汐减少，斥卤渐成沃壤，地理环境随之改观。战国时期，铁制工具大量使用，天津平原进入全面开发时期，农业生产开始发达。

历史上，天津依河傍海，水资源丰富，因此水稻种植历史悠久，至迟可以追溯到辽宋时期。辽统和五年（987年）所建的盘山千像寺《讲堂碑》，就记载了幽燕之地的"红稻香耕"情形。从宋代历经元、明、清，天津附近的军事屯垦没有间断，水稻种植亦在天津传承有绪，天津也因此为中国优秀稻作品种的不断丰富做出了贡献。

天津水稻种植传承至今

在殷商以前，当天津平原的西部刚露出海面的时候，便已经有新石器时代的先民在这里劳作、生息了。1974年，考古工作者在天津市北郊刘家码头村西南的子牙河北岸，发掘出了石斧和石磨棒（一种推磨加工谷物的工具）。据鉴定，这些石器多属新石器时代的遗物。不久，又在天津北部出土了多件石耜，其中一件器身扁平，边刃对称、锋利，两面均有使用过的磨损痕迹，形如一片肥硕的仙人掌，在当时是一件得力的松土和播种工具。这些石器的出土，说明当时居住在这里的先民，已对天津附近进行了早期开发。

春秋战国之际，古黄河南迁，流经天津附近的各大河分流入海，洪水、潮汐减少，斥卤渐变沃壤，地理环境也逐渐改观。到了战国时期，铁制工具大量使用，天津附近进入全面开发时期。譬如，20世纪50年代以后，考古工作者在天津近郊发现的战国遗址和墓葬已不下四五十处；

古代农耕图画

在众多的战国遗址中，几乎都存留有种类繁多的铁制农业生产工具，诸如镬、锄、铲、镰、斧、凿等，其形制与现在北方农村使用的镬、锄、铲、镰非常相近。这些用于农业生产的整套工具，证明在战国时期，天津附近地区的农业生产已占了重要地位。

当时天津附近居民点亦已相当稠密，仅在巨葛庄一地方圆十里的范围内，就发掘出战国遗址9处，用"村烟相望，鸡犬之声相闻"来描述这里的情景是不会过分的。居民的房屋建筑有的也很考究，在许多战国遗址中均发现有筒瓦、板瓦和瓦当，巨葛庄还出土了砖；南郊大任庄则出土了形态逼真、栩栩如生的猛虎怒吼图案的瓦当，说明这里的房屋建筑是由装饰美观的砖瓦建成的。考古工作者发掘的战国遗址与丰富多彩的出土文物，反映了这里村落棋布、农业经济发展的兴盛景象。

随着农业生产的发展，大规模的物品交换也出现了。战国时期的货币刀币在天津附近各处均有发现，说明当时的商业活动已经相当活跃。

西汉时期又在天津附近建县治、设盐官，这不仅反映了西汉王朝对这一带的重视，也标志着天津附近的经济地位确实有了很大的提高。

东汉末年，长城以北的乌桓贵族经常深入内地骚扰，造成了内地千里无炊烟的惨状。曹操为北上攻打乌桓，开凿了平虏渠（大体相当于今河北省青县至天津静海独流间的南运河）、泉州渠[自泒河尾即今海河北岸的天津东丽军粮城至宝坻潮白河（时称"鲍丘水"）与蓟运河（时称"洵河"）交汇处]以及新河（今宝坻境内盐关口至濡水，即今滦河），把天津附近的河流从四面八方连接起来，直到唐代仍然发挥着军事运输上的作用。这不但促进了日后天津航运枢纽地位的形成，而且有利于地区农业灌溉的发展。

1. 宋元屯垦：驻兵屯田

宋代泥沽海口一带，多低洼积涝地区。沧州节度副使何承矩率先提出了在缘边屯田种稻的奏议。

北宋雍熙四年（987年），宋王朝接纳何承矩的建议，利用河川湖泊修建"方田"，屯兵种稻，并委何承矩为"制置河北缘边屯田使"，以临津县令黄懋为副手，在河北进行种植水稻的试验。他们调集沿防线的镇兵1800人，"兴堰六百里，置斗门，引淀水灌溉""大作稻田"，试种南方水稻。第一年，因落霜早没有成功。翌年，黄懋改种江南早稻，八月稻熟，是为天津种植水稻之始。

何承矩初建议种稻时，朝中阻力很大，武将"习攻战，亦耻于营葺"。第一年种稻不收，舆论大哗，几乎作罢。第二年稻熟，何承矩"载稻穗数车，遣吏送阙下，议者乃息""由是自顺安（今河北省安新县安州村）以东濒海广袤数百里，悉为稻田，而有莞蒲蜃蛤之饶，民赖其利"。

元朝初年，为维持统治，朝廷从江南地区转运漕粮，途远路艰，耗损极高，再加上脚力，把一石粮运到大都（今北京）竟需五石之费，于

水稻种植画作

是决定在直沽海口一带实行屯田。直沽周围的青县、静海、宝坻、武清、香河、安次等地都设立了屯田机构。元至大二年(1309 年)又"拨汉军五千,给田十万顷[1],于直沽海口屯种;又益以康甩军两千,立镇守海口屯储亲军都指挥使司"。翌年,用钞 9158 锭购买农具、耕牛,拨给屯军。直沽从此成为大规模的屯田场所。

元代在直沽实施军屯的遗迹,40 多年前已有发现。1973 年于天津西青区张家窝村南的小甸子发现了一处元代遗址,在仅有 1500 平方米的地方,共出土铁器、铜器、瓷器等完整器物 80 余件。出土文物多数为农具,有铧、犁镜、铡刀、叉、耙、镰等。其中有一个月牙形大铲,刃长 67.5 厘米,背有柄銎,可安装粗柄,此器物很可能就是元代农学家王桢所著《农书》中记载的"划子"。书中说,这种工具"凡草莽沼泽之地皆可用之""草根既断,土脉亦通",很适合小甸子一带的洼地开垦。据《元史》记载,元至大三年 (1310 年),曾"市耕牛、农民给直沽酸枣林屯军。"目前,小甸子一带是天津最大的枣林所在地。考古工作者根据小甸子的自然环境判断,元代曾在这里屯田是很有道理的。小甸子遗址的发现,为研究元代天津地区的农业生产情况提供了实物。

2. 明代屯垦:滨海江南

明代是天津城郊农业发展的奠基时期。明永乐二年(1404 年)在直沽建卫筑城后,朝廷又下令在天津屯田。天津三卫军士足额共 16 800 人,其中 1/3 在卫城戍守,2/3 在南运河畔屯田。明成祖朱棣还派功臣亲兵,大批移民到津南地区开荒种稻。然而,这种屯垦时断时续。一方面是由于屯军不堪压迫而逃亡,"典卖抛荒不一,或为豪右所侵据";另一方面也是因为天津城郊的土地"开垦不甚得法,以致非旱即涝,惟知听命于天,而不知有水利"。

明弘治元年 (1488 年),大臣丘浚又提议,华北滨海平原皆可广行水利,化斥卤而为良田。他特别指出直沽"截断河流,横开长河一条,收其流而分其水,然后于沮洳处筑为长堤,随各为水门,以司启闭。外以截咸水,俾其不得入,内以收淡水,俾不至浸""使濒海屯种,若如吴越人,田而耕之,则利十倍于苇"。

明末,因为万历援朝战争和与后金战事的频繁进行,"开府设镇,署将增兵",天津成为支援辽东的军事重镇。然而由于连年兵荒,官无余饷,民无余力,天津又出现了大规模

1　1 顷 ≈ 0.067 平方千米。

的屯田举动。

明朝末年天津大举屯田的过程，可分三个时期，这就是天津海防巡抚汪应蛟管理时期，天启年间御史左光斗管理时期以及太仆寺卿董应举管理时期。

汪应蛟，江西婺源（古属安徽）人，明万历二十六年（1598年）时，因援朝抗倭战争的进行，天津登莱海防巡抚万世德经略朝鲜，遂提拔正在天津的右佥都御史汪应蛟代之。第二年，因天津登莱海防巡抚一职撤销，汪应蛟又改任保定巡抚。他在天津任职期间曾到过葛沽一带，知道这里的自然环境宜于种稻，尽管当地人认为"斥卤不可耕"，但他根据自己掌握的农业生产经验，提出"此地无水则碱，得水则润，若以闽浙濒海治地之法行之，穿渠灌水，未必不可为稻田"。汪应蛟领兵期间，见南方的兵士虽不习惯水战，却能种水田，所以在"倭寇平，撤南兵"的时候，留兵屯田，并"辅以右卫军人二千三百余名"，自万历二十九年（1601年）春开始，在葛沽、白塘二处采用江南围田耕作办法，买牛、制器、开渠、筑堤，共开垦了贺家围、何家圈、吴家嘴、双港、白塘口、辛家围、葛沽、盘沽、东泥沽、西泥沽十围，并分别用"求、仁、诚、足、愚、食、力、古、所、贵"10个字为代号，编次围田，这就是有名的"十字围"。

"十字围"均在海河右岸，格局是"一面滨河，三面开渠，与河水通。深广各一丈五尺，四面筑堤以防水涝，（堤）高厚各七尺，又中间沟渠之制，条分缕析"。周围主干渠挖至5

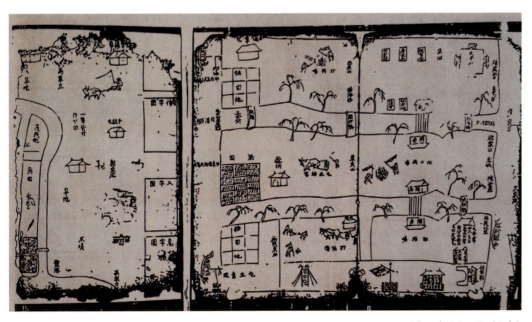

明末天津卫屯田图（局部）

米深，利于排涝和降低地下水位，减轻土壤盐分，并利用海河一日两潮，引水灌溉和排出尾水，使土壤盐碱成分降低。此种方法，适于低洼及地表水丰沛地区植稻。清代天津诗人华长卿写有《十字围》诗："河水澄清红稻肥，田间燕子双双飞。葛沽遥接贺家口，土人相传十字围。"

王应蛟带领士卒共耕种 5000 余亩，其中有稻田 2000 亩，粪多力勤者，每亩可收稻谷 4～5 石；其余 3000 亩分别种植葛豆或旱稻，旱稻"以碱立枯"，而葛豆每亩可收 1～2 石。后来，这 5000 亩土地共收水稻 6000 余石，葛豆 4000～5000 石。"于是，地方军民始信闽浙治地之法可行于北海……斥卤可尽变为畲腴"。

围田种稻之法对天津地区的土地开发和稻作种植起了重要的推动作用。直到清代雍正年间，在天津近郊推行垦殖技术时，何家圈、双港、辛家围、东泥沽、西泥沽等处，仍是河形宛在，只要循照沟围旧迹，便可开筑荒田。而葛沽、盘沽二围，"自汪应蛟开水田，土人至今习知其利，插莳不绝，亦能自制水车，不以升挽为苦。所产稻米，几与白玉塘齐名"，

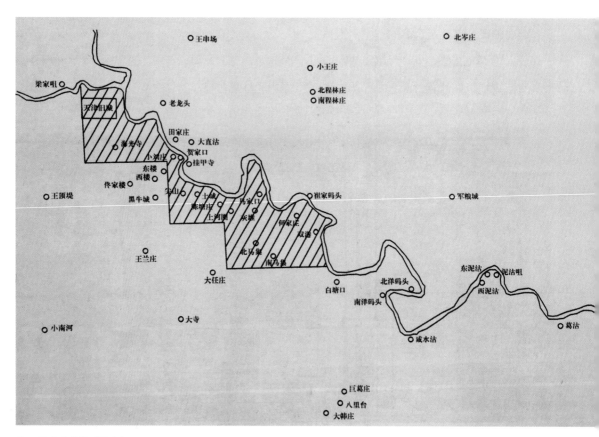

屯田区域示意图（局部）

这就是历史上有名的"葛沽稻"。

汪应蛟试种围田对推动天津近郊农业发展的功绩是显而易见的，然而，兴修较大规模的水利设施必须依靠有效的行政手段来组织，这在明末政治、经济都十分混乱的境况下很难做到。此外，当时士兵经常要调动，后"因援辽千名，即八千亩多芜，且有申言种稻不如取苇者"。至明万历三十五年（1607年），"因收获不多，又任从长苇。"汪应蛟在津南种稻事业，兴旺了五六年，到万历末，平倭退兵后，"已垦之稻田，十有七废，仅余葛沽而已"。以致汪应蛟的围田之法，并不能普遍和长久地维持下去。所以到了明天启年间，又有张慎言、左光斗和董应举等人的屯田之举。

明天启初年，后金在辽东加紧争战，百万难民水陆转徙进关。天津为京都门户，又是通向辽东的要道，天津屯田，对京师和辽东战场均有重大意义，因而再度出现了屯田热潮。

明天启二年（1622年），巡按御史张慎言提出天津屯田奏议，称"天津、静海、兴济间，沃野万顷可垦为田，惜皆芜废。今同知卢观象，开垦寇家口（天津之南）以南田三千余亩，沟洫庐塘之法，种植疏浚之方，皆具而有法，可仿而行"。他总结归纳了五种开种方法："一官种，谓牛种器具、耕作雇募皆出于官，而官亦尽收其田之入也；一佃种，谓民愿垦而无力，其牛种器具仰给于官，待纳稼之时官十而取四也；一民种，佃之有力者自认开垦若干，迨开荒熟，较数岁之中以为常，十一而取是也；一军种，即令海防营军种葛沽之田，人耕四亩，收二石，缘有行月粮，故收租重也；一屯种，祖宗卫军有屯田，或五十亩或百亩，军为屯种者，岁入十七于官，即以所入为官军岁支之用，国初兵农之善制也。"同时建议，将广宁失守后由辽东转徙入关之近百万人招集津门，"以无家之众，垦不耕之田"。

张慎言的建议，得到负责经理天津至山海关屯务的太仆寺卿董应举的贯彻。他先把辽东难民13 000余户分别安置在顺天、永平、河间、保定等处，然后"用公帑六千买民田十二万余亩，合闲田凡十八万亩，广募耕者，畀工廪、田器、牛种，浚渠筑防，教之艺稻，农舍、仓廪、场圃、舟车毕具，费二万六千，而所收黍麦谷五万五千余石……天津葛沽故有水陆兵二千，应举奏令屯田，以所入充岁饷，屯利益兴"。董应举还亲赴何家圈、白塘口、双港、辛庄、羊马头、大人庄、咸水沽、泥沽、葛沽等处，"见汪应蛟往日开河旧迹犹存，可作水田甚多，荒废不久，开之甚易，一亩农工只用八钱，可得粟三石三斗[1]；久荒者亩用农工一两。其挑浚旧河为力不多，只须挑浚数尺，明年万石之粮可必也"。董应举的慷慨行

1　1斗=10公升。

事，使他得到很大的成功，所获"积谷无算"，屯利益兴。为使屯垦有章可循，董应举还亲自制定了《天启屯垦条例》。

左光斗亦为明代天启年间以御史出任屯政的官吏，他在北京周围地区倡修水利，使"北人始知艺稻"。左光斗在天津兴办屯田的办法，是"以屯占籍"，即在天津兴办屯学，垦田百亩，可入籍一名；每田一亩，收租一石。这样每试百人，便可得租万石；试千人，则10万石，"田既为清楚之田，人亦为实在之人"，且可使"士子世世守其业，国家亦世世收其利"。左光斗委派河间府水利通判卢观象具体执行这个方案，先出示晓喻，号召"入籍屯童，俱赴天津开垦"，结果"争趋如流"。

此后左光斗又亲赴天津履勘，见"诸屯童之且耕且射者，实有其地、有其数、有其人矣。昨岁六百亩，今为四千亩，向之一望青草，今为满目黄云。鸡犬相闻，鱼蟹举纲，风景依稀，绝似江南"。此外，左光斗还在天津建立官庄，垦田600亩，收获3000石，目的为"示民榜样"。

明崇祯十二年（1639年），兵部侍郎李继贞任天津巡抚，亦在天津大兴屯田，"经地、招佃、用水、任人、薄赋"，遂使"白塘、葛沽数十里间田大熟"。

3. 徐光启对农业发展的贡献

明末，天津近郊屯垦取得进一步发展。在一些有识之士的眼里，天津还是一个蕴藏着大农业潜力的地方。明末大科学家徐光启在天津的试验性开发，就是显著的例子。

徐光启，字子先，号玄扈，江苏上海人，进士出身。他虽然是一个封建知识分子，但酷爱能用于实际的科学技术。中年以后，他在西学东渐的潮流影响下，潜心向来华的西方传教士学习文艺复兴后的新兴科学。他非常重视农业生产和与农业生产关系密切的农田水利。《农政全书》的编辑者陈子龙在该书《凡例》中指出："其生平所学，博究天人，而皆主于实用。至于农事，尤所用心。盖以为生民率育之源，国家富强之本。"

明万历四十一年（1613年），也就是徐光启51岁那年，

中国明代天文学家、科学家徐光启胸像

他因修历书为朝臣所不满，遂托病侨寓天津两年 9 个月，开始在天津买田进行农垦试验。此后他又三次来天津"营田事"。徐光启在天津的垦种情况，记载于《北耕录》一书中，可惜这本书今已失传。

徐光启在天津的垦种工作，是他立志在北方进行农业开发研究的一个部分。因为他发现天津的荒田很多，而且地价较贱，其间有相当的部分可以辟为水田。因此他拿出自己有限的一些钱，在天津东南城郭买下大片荒地，并从上海、山东雇用一些农民，采取"东四佃六"的招佃分收办法，经营水旱农作物的种植。他在一封家书中说："累年在此讲究西北治田，苦无同志，未得实落下手，今近乃得之。其一在天津，荒田无数，至贵者不过六七分一亩，贱者不过二三厘，钱粮又轻。中有一半可做水田者，虽低而近大江，可作岸备涝，车水备旱者也。有大半在内地，开河即可种稻，不然亦可种麦、种秫也，但亦要筑岸备水耳。其余尚有无主无粮的荒田，一望八九十里无数，任人开种，任人放牛羊也。"

徐光启在葛沽购置 20 顷荒田，引来南方优良稻种，仍采用围田之法防涝，并戽海河水备旱，同时利用海河潮汐进行灌溉。明万历四十四年（1616 年），"试种南稻，农师孙彪，用人粪干每亩施八石，结果稻棵疯长大如碗，根大如斗，含胎不秀，竟不收。后一年，每亩改用麻糁四斗，是年每亩收米一石五斗，科大如酒瓶口"。他因地制宜，把长江一带稻棉轮作的经验拿来推广，"凡高仰田可棉可稻者，种棉二年种稻一年，即草根溃烂，土地肥厚，虫蟆不生"。采用一水二旱的倒茬种植，是节水改土培养地力、防止周围地块返碱和消灭病虫、杂草的成功经验。该轮作制在新中国成立后尚有应用，不仅稻棉丰收，节水治碱，还可改种菜田。

关于收获情形，他在另一封家书中说："天津大旱，稍得雨，有麦八百亩，若每亩收得五斗，便分得二斗，有一百五六十石，便不赔粮，亦留得些做种也。"还有一封家书说："天津早收得三百石，豆约有五百石，尚未见报数来，不知如何尔。大约够了钱粮，还得少利，可做工本也。"由此可见，徐光启在天津经营的农业试验，规模已相当大，而且准备在此基础上继续扩大生产。

徐光启在天津还深入研究改造盐渍土，总结出因地施肥的重要性。他在《农政全书·粪壅规则》中写道："天津屯田兵言：碱地不害稻，得水即去，其田壮与新田同。但葛沽屯田兵又言：初年碱地不宜稻莳，下多不发，二年以后渐佳，后来更不须上粪，尤盛不碱者。"他分析，近海重碱之地，初开时不宜种稻，因为洗碱不够。明万历四十五年（1617 年），终于完成了南稻北移，取得了亩产一石五斗的好收成。徐光启还从南方引进可以代粮的红薯种，在天津试栽。

徐光启在天津的大规模农垦试验以及农田水利建设都取得了积极的效果。陈子龙在《农政全书》的"凡例"中说："水利者，农之本也。无水则无田矣。水利莫急于西北，以其久废也。西北莫先于京东，以其事易兴而近于郊畿也……玄扈先生尝试于天津，三年大获其利。"

徐光启在天津的农垦试验中积累了丰富的资料，其中有在天津调查施肥的记录，有在天津试验稻作的记录，并在实践的基础上，起草了《农政全书》的纲目。《农政全书》不但是我国农业发展史上的光辉著作，而且对于研究天津城市的农业生产发展，也有重要的参考价值。

4. 清代屯垦与小站稻的培育

清康熙中叶，清廷提倡兴修水利和垦殖农田，天津为畿南入海之地，因而备受重视。

清康熙、雍正年间，天津有过两次大规模的屯垦，一次是清康熙四十三年（1704年），天津镇总兵蓝理在城南海光寺一带开垦稻田。蓝理为福建人，康熙四十二年（1703年）调来天津。在开垦过程中，蓝理以僧人湘南主其事，并奏请敕建海光寺。这片稻田有200余顷，"河渠圩岸，周数十里……召浙、闽农人数十家，分课耕种，每田一顷用水车四部，插莳之候，沾涂遍野，车戽之声相闻。秋收亩三四石不等，雨后新凉，水田漠漠，人号为'小江南'。"后人称为"蓝田"。蓝理调走后，因租税太重，招垦农民相继逃亡，稻田荒废。康熙四十九年（1710年），经直隶总督的申请，拨给农民耕种。

另一次是主持天津水利局的陈议，在天津东南开垦"营田十围"。清雍正三年（1725年），天津大水，雍正帝令其弟怡亲王允祥与大学士朱轼来津治理。雍正五年（1727年），允祥等奏设水利营田府，继而设立了京东、京西、京南、天津四个水利局。天津局管理天津、静海、沧州及兴国、富国二盐场，由陈仪总负责。陈仪见天津东南地近海河，于是仿效明末汪应蛟筑"十字围"的做法．在所垦土地周围三面开渠，与海河相通，"潮来渠满则闭之，以供灌溉"。他用这个办法，在贺家口、何家圈、吴家嘴、双港、白塘口、辛庄、葛沽、盘沽、东泥沽、西泥沽等处"营田十围"，共开垦土地450余顷，均获得了较好的收成。雍正六年（1728年），天津营田观察使黄世发也亲垦5顷，每亩竟收获五六石之多。清代天津的屯田，为后来这些地方成为稻作区奠定了基础。

鸦片战争以后，天津在国防上的地位再度为清王朝所重视，屯垦事业也随之兴盛起来，僧格林沁、崇厚等驻津文武大员，都在这里举办过屯政。然而，晚清天津屯垦最为有名的，当属小站屯田了。

小站练兵，在史学概念上涉及的范围，与现行行政区划不同，它涵盖了青县马厂特别是滨海的塘沽新城、黄骅祁（岐）口、大港沿海和津南一带的地区。

周盛传所统盛字军（简称"盛军"），俗称"老盛军"，原为李鸿章的抚标亲兵，从清咸丰三年（1853年）到清同治九年（1870年），转战于江苏、河南、安徽、山东、河北、陕西等地，完成了镇压太平军、捻军和陕甘回民起义军的多次使命，是李鸿章所部各路淮军中的主力。

清同治九年（1870年）秋，直隶总督兼北洋大臣李鸿章调周盛传为天津镇总兵，率盛军屯卫畿辅；转年，盛军移驻青县马厂；同治十二年（1873年），盛军修建新城炮台，为了往来方便，于马厂至新城之间铺垫了马（厂）新（城）大道，长140里；沿大道设立驿站，10里一小站，40里一大站，共设小站11所，大站4所。

清光绪元年（1875年）二月，盛军除留马队驻马厂外，其他各营移屯潦水套，在潘永安坟地之小站的北侧设亲军营，并以亲军营为中心，布设营盘共18座：亲军营、盛正（字）营、传正（字）营、老左营、新左营、右正营、右右营、中左营、中后营、水师营、中副营、中前营、前右营、前正营、前左营、左右营、左正营、左左营。18座营盘与新城炮台相望，南扼祁（岐）口，东控大沽，遥相呼应，以张声势。

盛军移屯小站的马步兵共13个营，按绿营兵建制，每营额定1440人计算，共约18 700人；另外，还领唐仁廉部仁字营军队2个营（因为唐仁廉外调通永镇）。盛军的主要将领有：右军提督卫汝贵、左军提督贾起胜、马队副将吕本元、张银龙、营务处提调戴宗骞、陈连升、周盛朝，正营帮带胡光华，右营营官栗万传，左营营官万建勋，后营营官吴永发等。

新驻营地本是海滨荒滩，居民寥寥，没有商贩，士兵购买东西要到10里以外的地方，不利管理。为此，在潘永安坟地之小站的东侧、亲军营之南侧筑城，建立了新的城镇，命名"新农镇"（或称"兴农镇"，今小站镇）。

新农镇东西北三面开门，城内设东西走向的"行营买卖街"。此后，迁民来垦田领种，新农镇成为小站一带的贸易中心。另外，又让兵勇开垦屯种，致使这里成为五方杂处之地。同时，将新农镇外西南方一千米处的全神庙改为新农寺，建立盛军屯田会馆（今会馆村），共计 80 多楹房间，作为集事、娱乐场所。

　　盛军购买西洋武器，训练中枪炮打得准的发给功牌；还挑选精壮士兵，参加李鸿章亲阅的"悬靶考试"，300 步外全中或打得好的，给予奖赏。

　　清光绪三年（1877 年），由于饷源不济，各军统一减员二成。转年春天，遣散仁军 1 个营；接着，又全部裁汰前军正营、左营、右营和裁掉左军、右军的左营，按照去弱留强的原则重新整编。光绪九年（1883 年）八月，为了把已经裁掉的 8 个营的二成兵员予以补足，曾专派总兵卫汝成到徐州等地招募，十月初完成。

　　周盛传在小站地区采取"寓兵于农"的办法，练兵屯田。从清光绪元年（1875 年）到光绪六年（1880 年），周盛传率淮军在小站一带屯垦。这里的土质虽然肥沃，但由于靠近海岸，地下水的含盐、含碱量很高，必须引进淡水拉荒洗碱，才能种植水稻。于是周盛传命淮军和一部分农民从唐官屯附近的南运河开始，到大沽海河口附近开挖一条长百余里的马厂减河，将南运河水引入小站地区。在西起马厂，东到大沽的辽阔滨海之地，挖渠开沟，建闸修桥，先后开垦 11 000 多亩稻田，建成阡陌纵横、河网交织、咸淡分流的小站垦区。由于南运河水的水质较好，水内所含的淤泥和腐殖质也多，对改造小站一带的土壤很有利，再加上从南方引进了水稻良种，再度实现南稻北移。小站一带很快成为全国著名的水稻产区，使百里荒圹斥卤之地，尽成膏腴，世称"北国鱼米之乡"。

　　为扩大生产，清光绪二十二年（1896 年），小站营田垦务局成立，"招佃垦种，岁纳租课"，所以，这里产的稻米时称"营田稻米"，与今天的"小站稻"尚不相同。天津沦陷期间，日本人在天津大开稻田，并应用日本引进的育种方法，培育稻种。现在的小站稻则是从南方引进的稻种，后经当地农民多年改良培育，与朝鲜"银坊"等优良稻种杂交而成。小站稻产量高，抗旱抗涝能力强，适于在盐碱性土质中生长；米粒洁白圆润、呈半透明状，吃起来香甜适口。小站稻的培育成功，是天津农民对中国农业的一大贡献。

　　清光绪十年（1884 年），中法战争爆发。周盛传之兄周盛波，奉诏招募淮勇 5000 人赴小站防备训练。转年，周盛传病故。周盛波统帅盛军继续屯垦、训练，扩建小站镇街。光绪十四年（1888 年），周盛波也病故，盛军由卫汝贵统帅。光绪二十年（1894 年），中日甲午战争中，盛军全军覆没。

　　清朝末年，为纪念周盛传兄弟，在小站镇会馆村建周公祠。大殿 3 座，还有东、西配殿。东殿为周武壮公（盛传）祠；中为新农寺，供奉神农、大禹、关帝；西殿为周刚敏公（盛波）祠；南面有戏楼及正门。现只存 3 座大殿，为天津市级文物保护单位。

1. 郊区种植业

随着天津城居人口的增加，水陆交通的发达，以及由此引发的城市对农村的需求，促使城郊地区也发展起来。

首先是近郊市镇的出现。明朝时天津卫城四周多为屯垦之区，到了清代，不少居民点逐渐形成村落，如："东南多水乡……人烟稠密，村落纷如""津邑西北，为南北运河交流之所，村皆附河，而大道出其间，水陆扼要处也""津城西南为南运河经由之处……近河诸村，田园相望""津邑南乡地多洼下，村落错处，蹊径纷歧""村镇最著者如西沽、丁字沽、军粮城、大直沽、马厂、咸水沽、泥沽、葛沽、大沽、堤头、土城、宜兴埠，皆户口稠密，均与荒僻不同"。其中的宜兴埠，"庐舍阛集，村树葱茏"。可见近郊人烟已相当稠密。

为适应城市发展之需，专业性的商业市镇也在郊区出现，如"城北之西沽村多业木厂，以船料为最，屋料次之"，地处运河畔的杨柳青，"地方繁富，几与从前城治相埒……文艺见称于时，尤为乡镇中所罕见"。

天津郊区因受自然条件限制，粮产不能满足城市供应，绝大部分来自江南、华北各地与奉天。"麦则取给于河南，米则受济于苏、浙，秋、粟、菽、豆之属亦莫非仰食于邻"。但郊区农民亦培育出一些优质粮种，如"郡城食稻，每取给"于葛沽；邑南梨园头一带所产之麦，称"压车翻"，亦很有名。

近郊海河两岸溪流众多，便于戽水浇畦，因此多辟为菜园，使蔬菜在天津"素称美产"。城区和周边地区需求量大，以致"园圃蔬茹之饶，四时弗绝"。南北交融的优越区位，有利于天津不断引进新的蔬菜品种。如清乾隆时期，天津菜农开始引种南方的茭白，"脆美肥白，不减江南"。蔬菜中的莱菔即萝卜，"其品最良，用者多而行之远"，至今依然。"仲夏有一二寸小王瓜最鲜美。黄芽菜（菘）经霜弥佳"。水果则有香木梨和葛沽的桃，梁家嘴的葡萄。瓜类有高丽瓜、西瓜，因所产不足济用，"往往舟载而来"。每值产菜季节，或有满载蔬菜之小船沿河而上，或由菜农肩挑入市，至东浮桥一带销售。"盈筐累筥，能供城中一日之需""灌园者赖以为利"。

此外，为适应城市消闲生活的需求，一些专业化的种植花卉的村落也出现了。如西乡之大园、小园均以种花为业。清人蒋诗作《沽河杂咏》："小园村与大园村，艳紫嫣红花朵新。五十二村春正丽，相逢都是卖花人。"

2.农业发展的近代化

开埠后，在舶来的先进生产技术影响下，天津的农业生产在全国范围内率先走上了近代化的历程。

清光绪七年（1881年），轮船招商局总办唐廷枢联络了具有先进思想的知识分子郑观应、徐润等人以及开平矿务局，用股份制的方法，集资13万两白银（其中唐廷枢、徐润认股65 000两，开平矿务局认股62 000两，郑观应认股3000两），在当时属于宁河县的新河一带（今塘沽火车站一带），以"普惠堂"的名义购买荒地4000顷，建立了"天津沽塘耕植畜牧公司"，用西方技术方法进行种植和畜牧业的开发。

由于这里地近海河，便于开沟作渠，使大量盐碱地变成可耕地；与此同时，该公司进口了西洋农业机器进行耕作，"以机器从事，行见翻犁锄禾，事半功倍"。这是近代中国第一家股份制农场，以致被国外舆论视为"模范农场"。"天津沽塘耕植畜牧公司"比张謇在江苏南通建立的"通海垦牧公司"早了20多年的时间，在近代中国当属第一家。

当然，近代天津在发展农业上的先进地位并不止此。

20世纪初，直隶总督袁世凯在天津大力推广实业建设的同时，还积极提倡农业改良。清光绪三十二年（1906年），他命直隶工艺总局总办周学熙在天津新车站（今天津北站）购地十余顷，开渠引入月牙河及金钟河水，同时开凿机器井，架设西式风车提水。在此设置苗圃、开办种植园，计划每年植树100万株，种植枣树改良碱地，种植棉花为纺织业提供原料，种植菉竹、马莲、秋葵、粟菊为造纸原料，种植牡丹、芍药为药材原料，种植五谷、饲养牲畜以改良品种；同时在池沼内种植菱芡、芰莲，放养鱼苗。此外还广植各种果树，养殖蜂群。为提高农作物和禽、畜、鱼类品质，种植园中设有"研究会所"，每月召集"通晓工业及精于植物学者"开会两次，研究改进和改良办法。天津种植园又名"农事试验场"，是近代中国早期农业实验基地之一。

20世纪以后天津郊区和附近农村对大白菜、卷心菜、西红柿等新型菜蔬的广泛种植，都是农事试验场推广的成果，使后人受益匪浅。

　　大白菜的原产地为河北安肃（今徐水），早年天津种植者不多，秋冬食用都由外地运来。民国初期，由天津农事试验场试行种植，效果很好，成色不逊于安肃原产，但多属"青麻叶"类；后来又从唐山一带引进"唐山白"，即所谓的"白麻叶"类。这两种白菜在天津农民的精心培育下，均成为优良品种。特别是"青麻叶"菜，颜色浓绿，味道鲜美，最受群众欢迎。天津的大白菜不但品质好，而且抗病力强，耐储存，远销华北、东北以及江南各省和香港地区。

　　青萝卜，俗称"卫青"，以小刘庄一带出产的最负盛名，俗称"小刘庄萝卜"。"卫青"萝卜皮青、肉绿，于香甜脆嫩中略带辣味，吃起来清凉爽口，尤其在冬季，是一种营养丰富、物美价廉的菜品。"卫青"有"松子"与"艮子"之分，"松子"萝卜出土即可食用，"艮子"萝卜则需经过窖藏。近代以来，随着城市规模的不断扩大，小刘庄一带已成为停船码头和工业区，因之津南地区的葛沽、西青的沙窝起而代之，成为天津著名的萝卜产地，在国内外久负盛名。

　　黄韭是一种味道鲜美的冬令菜品。天津早年不产黄韭，冬季所食均由北京丰台运来。传说清同治年间，西头芥园有一朱姓菜农，因在冬季兼养窖花，无意中在暖窖的肥堆下，发现了一堆新长出的黄色韭菜芽，吃起来味极鲜。他断定这是秋天甩下的韭菜墩，因温度、湿度适宜而新长出的嫩芽。从此，他"以珍奇视之，密不告人，只言善于宝藏，夏韭至冬色变耳。民众以之送年礼，朱获利颇丰"。到了光绪年间，这种育韭方法流传开来。每到春节，菜农们便将黄韭用红绳捆好，去集市上"卖鲜"。这样，黄韭便成了天津蔬菜中的独特品种，与紫蟹、银鱼、铁雀并列为年菜"四珍"。后来，天津的韭菜品种日益增多，种植方法不同，但自成系列，统称"卫韭"，而且一年四季均可上市。

　　洋葱是典型的外来蔬菜品种，最早专供租界洋人做西餐用，后来食者渐多，民国以后种者亦众。天津洋葱是近郊菜农从引进的洋籽中自行培育出的一个良种，多产于土城、灰堆和卫津河一带的张道口、门道口等地，分为"荸荠扁"和"大水桃"两类。天津的洋葱汁多味鲜，含糖量高，储藏不易抽芽，极受消费者的欢迎。

第四章

西风东渐

天津，自清代中叶以来一直是被西方侵略者所觊觎的城市。第二次鸦片战争后，依据不平等的《北京条约》，也就是《天津条约》的《续增条约》，天津被辟为通商口岸。

开埠伊始，英国便在天津划定了英租界。不久，法国和美国又划定了法租界和美租界。中日甲午战争后，德国于1895年在天津划定了德租界。1898年，日本划定了日租界。1900年八国联军侵略中国，天津被分区占领，原来在天津没有租界的俄国、意大利、奥地利、比利时争相划定租界；原来在天津设有租界的英国、法国、德国、日本等国，则纷纷进行扩张。至此，天津竟出现了九国租界并立的局面。这种现象，不但在全国、就是在全世界，也是独一无二的。

租界无疑是屈辱和痛苦的象征，但封闭的坚冰也因此打破。世界开始来到天津，天津也开始走向世界，传统城市所蕴藏的经济火花很快迸发出来，并迅速燃烧。在不到半个世纪的时间里，天津一跃成为中国北方的经济中心、北方最大的工商业和港口贸易城市，以及引领近代文明的窗口与跳板。

天津的日本租界

开埠前夕的天津

1. 西方国家对天津的觊觎

　　天津开埠以前，已有外国使臣登陆大沽口，进入北京，要求通商、传教，大都被清朝皇帝拒绝。开埠后，由大沽口进入京津的外国使者，则是络绎不绝。

　　利玛窦，意大利的耶稣会传教士，学者。明朝万历年间，他来中国居住。王应麟所撰《利子碑记》说："万历庚辰（1580 年）有泰西儒士利玛窦，号西泰，友辈数人，航海九万里，观光中国。"

　　利玛窦到中国后，一直在南方城市活动。明万历二十八年（1600 年），利玛窦从南京出发，前往北京。路过天津时，他被天津税监马堂羁留在天津的城堡里（一说羁留在天后宫）将近一年。直到万历二十八年（1601 年），万历皇帝才命利玛窦伴送贡品，作为意大利使节进京。在京城，他一直拥有朝廷的俸禄，生活到临终。

　　清顺治十二年（1655 年），荷兰使者哥页和开泽，进京路过天津。他

出访中国的英国使团正使马戛尔尼（左）和副使斯当东（右）

阿美士德

们的来华记录中，在写到天津时说："这个地方到处被庙宇所点缀，而且人员稠密，交易频繁……该地区三条河流的三岔河口，在这儿耸立着一座坚固的碉堡。"

清乾隆五十八年（1793年）英国使臣马戛尔尼，乘船抵达大沽口，由长芦盐政征瑞带其赴热河。乾隆帝令英国船只回浙江宁波珠山地方湾泊，不能久泊天津海口洋面；马戛尔尼要求在宁波、舟山及天津等地通商，均遭拒绝。

清嘉庆二十一年（1816年），嘉庆皇帝准许英国使臣阿美士德等由天津登岸进京，由苏楞额、广惠引领进京。英国使臣要求贸易，清廷拒绝。不久，英使放洋东去，嘉庆帝令沿海各省督抚，不准该国船只停泊，英使径驶广东回国。

此次随英国使团来华的副使斯当东[1]也来到天津城。他的印象是："天津的房屋，大多是两层楼房，这种建筑式样，跟中国通行的建筑式样不一样。习惯于早期住宅建筑式样，他们大都喜欢平房。"此前，斯当东是英国东印度公司的书记、翻译和行长，对中国的各方面的情况非常了解。在出使中国期间，他坚决主张对华采取强硬态度，说什么对中国"屈服只能导致耻辱……态度坚决却可以取胜。"此后，他一直主张对中国采取武力。

鸦片战争爆发前，英国的鸦片贩子直接航海到天津进行走私。清道光十二年（1832年），鸦片贩威廉·查顿派两艘装满鸦片的双桅帆船北驶天津取得成功。不久，查顿又用重金聘请在广州的传教士郭士立为翻译，雇用了一艘新造的飞剪船"汽仙"号北上天津。在道光十三年（1833年）的北上航行中，郭士立竟代查顿出售了价值5300英镑的烟土。

尽管如此，英国人仍不满足。在鸦片战争爆发前夕，斯当东在下议院公然发表煽动性的演说，要求对中国开战。经过辩论，对华战争议案仅以5票的多数通过，但斯当东却以此为荣，认为"我的主张在第二年反对党掌权后还是一成不变得到了执行"，暴露出英国殖民主义者发动鸦片战争的狼子野心。

---

1 指托马斯·斯当东，也被称为"小斯当东"。其父乔治·斯当东曾作为马戛尔尼使团副使出访中国，被称为"老斯当东"。

2. 大沽口保卫战

在第二次鸦片战争中，英、法联军三次进犯大沽口，两次占领天津城，给天津人民带来了深重的灾难，同时，也遭到了天津人民前所未有的激烈反抗。

第一次大沽口保卫战

清咸丰八年（1858年）5月19日，英、法联军第一次进犯大沽口，第二天向南、北炮台发起了进攻。清王朝的官员闻声丧胆，或骑马，或乘轿，不战而逃；但坚守炮台的爱国官兵却同仇敌忾，奋起迎战，坚守阵地，宁死不屈。一名炮手牺牲了，另一名炮手就自动顶替上去。英、法联军依仗猛烈的炮火把北炮台的台顶掀去，但守台的士兵毫不畏惧，纷纷从炮台上跳下来，和准备夺取炮台的敌人展开肉搏战。另外一座炮台被法军占领，但很快就被中国士兵舍身炸毁。炮台守将游击沙元春在联军轰击炮台时，坚守不撤，被流弹碎片击中腹部，腹破肠出；另一名守将都司陈毅在负伤后仍然坚持血战，两个人先后壮烈牺牲。爱国官兵浴血奋战的勇敢无畏精神，以及他们精良的炮术枪法，使侵略军大为震惊。他们不得不承认中国官兵在大沽口"进行了英勇的保卫战。有些军官就地自刎而不愿苟生"。

英、法联军沿海河闯至天津城外，占据了三岔河口的望海楼行宫，又把金家窑300多户居民尽行驱赶，衣物家具全部截留，接着便外出抢掠。当地居民恨之入骨，一致表示："愿与敌人械斗血战，夺回村落，以泄众愤。"一位老人满怀着对侵略军的仇恨，在一个大风呼啸的夜晚，放火烧了自己的住房，打算藉风力延烧侵略军的营盘。面对侵略军的四处横行，天津的"义勇乡民相互知约：倘夷等仍前抢掠，则乡民随地砍打，设夷聚众滋事，则我民鸣锣相应，群起攻之"。当时，天津人民进行了不屈的斗争，"有欲焚抢洋船者，有跪求总督愿纠众打仗者"，给了侵略者极大的威慑，有记载说："近日天津人民斗争之事，该逆亦避其锋。"

但是，由于清朝统治者的投降卖国，最终与英、法各国签订了《天津条约》。

第二次大沽口保卫战

清咸丰九年（1859年），英、法联军以互换《天津条约》为由，无视中国主权，强行破坏大沽口的防务设施，借端寻衅，闯入海河。当时马克思正在英国，闻讯后愤怒斥责道："既然天津条约中并无条文赋予英国人和法国人以派遣舰队驶入白河的权利，那么非常明显……英国人预先就决意要在规定的交换批准书日期以前向中国寻衅了。"

　　当时，由于清军在事先作了严密的布防，而英、法联军又没有探知大沽口防务的虚实，贸然于6月25日发起进攻。这时，守卫炮台的爱国官兵"郁怒多时，势难禁遏。各营炮位环轰叠击，击损夷船多只"。随后，入侵敌军又派出"小舢板二十余只，满河游驶"，并靠近南炮台，强行登陆，又遭到清军火枪的"连环轰击"。直隶提督史荣椿镇守南岸中炮台，身先士卒，亲自发炮攻打敌舰，后来被敌舰炮弹炸成重伤。史荣椿在生命垂危之际，仍旧指挥部下奋勇抗敌，最后高呼"杀贼"而死。大沽协副将龙汝元镇守北岸炮台，奋勇当先，坚持亲自发炮，经久不下火线，不幸被敌炮击中，当即阵亡。他们英勇抗敌的事迹，可歌可泣。为了表彰史荣椿、龙汝元为国捐躯的英雄业绩，清廷在塘沽于家堡为他们修建了"双忠祠"，供人凭吊。

　　这一仗，共击沉英、法军舰三艘，打死、打伤联军400余人，连司令贺布也受了重伤。

守卫炮台的清军官兵英勇抗击侵略者

1860 年英、法联军占领大沽炮台

当时，大沽一带的群众欢欣鼓舞，争相送上饼面食物，犒劳守台将士。即使在战火纷飞的时候，仍有许多群众不顾生命危险，络绎不绝地往炮台上运送军需；遇有紧急情况，不少群众还自动担负起递送军事情报的工作。

这次胜利，是鸦片战争以来清军在抗击外来侵略中取得的第一次大胜仗，也是第二次鸦片战争中唯一一次胜仗。

第三次大沽口保卫战

1860 年，英、法联军集中三万名兵力、大批军舰和强大的火力，第三次进攻大沽口。在侵略军猛烈的炮火轰击之下，守卫大沽口的清军爱国将士毫不畏惧。亲眼见到清军将士浴血奋战的一名外国人说，清军用"难以描述的勇敢精神、寸土必争地进行防御"。后来，英、法联军背信弃义，伪装和谈，派兵从不设防的北塘弃舟登陆，自背后袭击大沽炮台，才造成清军的失利，炮台最终失守。英、法联军由海河长驱直入，造成天津和北京的陷落。

1. 北洋机器局

大力发展
军事工业

第二次鸦片战争期间，英、法联军三次攻打天津，最后占领了北京，帝后北狩，淀园被焚。教训之一，就是使清王朝明显地看到了天津在"拱卫京畿"方面的作用。于是决定在天津训练新式军队，同时设局募匠，仿制西式军火机器。从客观方面来说，天津是中国北方最早开放的城市，最容易接受西方舶来的先进工业技术，而且水陆交通方便，有利于原料和产品的运输、供应。所以在第二次鸦片战争之后，天津很快发展成为中国北方的工业文明中心。

天津最早的洋务业，是清同治七年（1868 年），三口通商大臣崇厚开工兴办的北洋机器局，后称"天津机器局"。局址选在城东 18 里的贾家沽道（今河东区成林路、中国人民解放军军事交通学院），共购买土地22.3 顷；另在海光寺建有西局。机器局总办人全权委托曾任丹麦领事的英国人密妥士担任，并由他从英国代为采购机器、觅雇工匠，按照洋人设计和绘制的图示，动工兴建。机器局的大权，一开始就落入洋人之手。机器局经过 3 年时间兴建，共耗用官银 38 万余两。虽有一定成绩，但进展缓慢。

直隶总督兼北洋大臣李鸿章接手天津机器局后，极力进行整顿：撤掉了总办密妥士，任命中国官员为总办、会办；为避免盲目购货，自行选购所用机器设备；淘汰北方工人与学徒，由忠于李鸿章的南方人把持。通过整顿和 5 次扩充建设后，机器局规模日趋宏大，厂房设备倍增，产量质量提高。为此，李鸿章报告清廷说："就岁成军火而论，较前两年多至三四倍……而人工所增不及一倍，经费则约增三分之一，以之应付直隶、淮、练军，关外征防各营，及调援台湾、奉天之师，均能储备有余，取用不匮。"此后，天津机器局的扩建工作一直没有停止过。为加强海防，李鸿章于清光绪二年（1876 年）在局内添设"电气水雷局"，附设电气和水雷学堂，"制成各种水雷，历赴海口演示，应手立效。"

清光绪六年（1880 年）二月，天津机器局制造的"水底机船"，是中国建造的第一艘潜艇，在海河下水试航一次成功。潜艇在世界军事发展史上，属于高科技、高难度的武器。这艘动力驱动的潜艇，比西方国家制成的第一艘动力潜艇早了6年。

此外，天津机器局还能生产民用产品，特别是浚河装备——"直隶"号挖河船，发挥了很好的效益。据记载："浚河机器，其状如舟，大亦如之，名曰挖河船，以铁为之。底有机器，上为机架，形如人臂，能挖起河底之泥，重载万斤，置之岸上，旋转最灵，较人工费省而工速，诚讲求水利不可少之器也……议浚大清河，由城北西沽起，现已开浚至独流镇后河，计百余里矣，颇著成效。"

中法战争后，李鸿章看到了军事上新兴的栗色火药的巨大威力，于是立即对天津机器局的火药生产设备进行更新，在东局里兴建了专门生产栗色火药的厂房。据当时的外国通讯社报道说，这些厂房修建得十分坚固，机器庞大而复杂，竣工后能以最新式的机器制造最新式的火药，是当时世界一流的火药厂。

为方便火药和各种原材料的运输，天津机器局还修建了一条通往东门外城关码头的铁路。为能够做到自行铸造最新式钢质炮弹和小钢炮，清光绪十八年（1892年），天津机器局西局从英国进口了一套采用平炉炼钢法进行生产的最新式炼钢机器设备，以及化铜炉、水力压钢机、7吨起重机和各式车床。至此，天津机器局已经成为一座包括火药、武器制造、船舶修造等业务的大规模联合企业，有工人3000余名。《天津机器局记》描绘东局当年盛况时说："巨栋层庐，广场列厅，迤逦相属，参错相望。东则帆樯沓来，水栅启闭；西则轮车运转，铁辙纵横。城堞炮台之制，井渠屋舍之观，与天津郡城遥相对峙，隐然海疆一重镇焉。"

"庚子事变"中，天津机器局毁于战火。

2. 大沽船坞

清光绪六年（1880年）大沽船坞动工修建，其目的是为就近修理北洋水师舰船，故名"北洋水师大沽船坞"。此前一年，李鸿章在天津创建海军，先后从英国、德国购买了破旧军舰25艘，要进行修理才能投入使用。初期，都要到上海江南船坞、福州马尾船坞去修理。因途程很远，往返需要的时间长，如遇战事，恐怕贻误军需。因此，李鸿章奏请在华北建造了大沽船坞。

建造船坞的大权，一开始就被洋人所控制，连选择地址都由天津海关税务司德璀琳确

天津市大沽船坞位于滨海新区核心区海河南岸的大沽地区，有上百年的历史。现在在遗址的基础上，建有天津市船厂，是大沽船坞生命的延续

定。李鸿章委派翻译罗丰禄为总办，其他如总管、生产、技术和财政大权，被英国人所把持。大沽船坞的主要设备，都由国外购买，如机床、动力机、抽水机、卧式锅炉、汽锤、剪等。船坞开办5年后，共建船坞5个、土坞2个。北洋水师的25艘舰船，除吨位过大的"定远""济远"等7艘舰船外，其他18艘舰船都能在这里维修。

大沽船坞修理兼制造轮船，其主要机件要从西洋进口。像"飞鹰""飞艇"式小火轮、挖泥船、驳船或者装配制造较大的轮船，都是如此。到清光绪二十六年（1900年），大沽船坞共修复大小舰船70艘，制造驳船145艘，装配轮船和挖泥船18艘等。大沽船坞是中西"合办"的军火工厂，除承修大沽海口的海防工程外，还制造了中国早期的"大沽造"步枪，生产大炮，仿造了德国一磅后膛快炮90余尊，为北洋水师水雷营监造水雷等，全力支持了海军建设。

大沽船坞是中国北方第一座近代船舶修造厂，是中国第一批使用机器生产的近代化军工企业。辛亥革命以后，北洋水师大沽船坞先后改为海军部大沽造船所、华北航务局新港工程局大沽造船所，也就是今天的新河造船厂的前身。

1. 开平矿务局

在蒸汽动力时代，工业的发展首先要解决的能源问题主要是煤炭。天津是一个远离煤产区的城市，天津机器局筹建过程中所需的煤炭，是随着机器设备由英国运来的。清光绪二年（1876 年），李鸿章决定开采天津以东的开平煤。这里煤质优良，而且有着悠久的土法开采历史，储量高达 6000 万吨以上。两年后开平矿务局成立，对外的名称是"中国机矿公司"。

此煤矿位于今河北省唐山市滦县的开平镇西南，即现在开滦煤矿的一部分。开平矿务局实行官督商办，事先拟定招商章程，招售股票，是中国早期股份制企业之一。开平矿是我国最早使用机器开采的大型企业，雇用英国人巴赖为矿师，并从国外购买机器。至清光绪二十五年（1899 年），开平矿务局发展为年产煤 75 万吨以上的万人大型新式企业。开平矿务局所产原煤，除了首先供给北洋水师、天津机器局、轮船招商局以及上海江南制造局等用煤，还大量投放市场，兼顾内地民间用煤，获利颇多。与进口洋煤相比，开平煤有开采成本低、运输便捷等优势，因此很快占领了天津的煤炭市场。19 世纪 80 年代初，天津每年进口日本煤近两万吨，不到数年，天津市场的日本煤即完全绝迹。

由于开平煤矿经营状况很好，私人投资者迅速增加，从而引发了市场上开平股票的猛涨。到了 19 世纪 80 年代，高峰时，有人愿将 100 两面值的开平股票以 272 两的价格买进；低峰时，也要卖到 140 ~ 170 两之间。从清光绪十四年（1888 年）开始，开平煤矿发放股息，利率为 10% ~ 12%。这在近代中国的企业中是十分罕见的。

开平煤矿蕴藏丰富，煤质优良，利润丰厚，一直为西方所觊觎。"庚子事变"期间，英国墨林公司在华代表胡华（即美国第三十一届总统胡佛），勾结德璀琳等，利用几纸空文及军事威胁，从开平煤矿督办张翼手中，将开平煤矿及众多资产空手骗取。

开平煤矿被骗事件，震惊了国人。帝国主义不仅用炮舰从中国攫取巨额资财，而且用合约文书，一样能够吞吃中国的"肥肉"。腐朽至极的清朝，已处在覆灭的前夜。

2. 中国第一条运营铁路

　　津唐铁路的建设，是为了开平矿务局的运煤之需，并考虑到北洋海防调运军队和军火之用。清光绪七年（1881 年），开平铁路公司聘请英国人金达为技师，修建了一条从唐山矿到胥各庄的铁路，长 9.7 千米。那时整个世界已处在修建铁路的热潮之中，因此规划这条铁路的时候，稍有常识的人都认为，它在日后将成为整个铁路运输系统的一个组成部分，所以不宜采用窄轨，而必须采用国际标准轨距——1.435 米。这个标准，至今为中国的铁路系统所沿用。

　　当年铁路在 1881 年 6 月 9 日，也就是在火车发明人斯蒂芬森百年诞辰纪念日这天铺轨，同年 9 月竣工，开始试运行。这条"准轨"铁路，也就成为中国近代铁路运输系统中最先建成的一条。

唐胥铁路上的火车头

铁路运行一年后，效果十分理想，于是李鸿章奏请光绪皇帝，同意将铁路展筑至芦台，为此专门建立了开平铁路局。清光绪十二年（1886年）展筑工程开始，翌年完工。

为了把铁路再展筑到天津，李鸿章借口军事运输的需要，先把铁路由芦台修到大沽口，然后再说服清廷："若将铁路由大沽接至天津，商人运货最便，可收取洋商运货之资，藉充养路之费。"这个计划很快就得到了批准。

清光绪十四年九月初五，即1888年10月9日，唐山至天津的铁路全线通车。李鸿章率领天津的官员和商人进行了一次旅行视察，然后报告朝廷说："自天津至唐山铁路一律平稳坚实，桥梁、车轨均属合法，除停车查验工程时刻不计外，计程二百六十里，只走一个半时辰，快利为轮船所不及。"这是中国第一条运营铁路。

此后，李鸿章计划将津唐铁路分别展筑到北京以东的通州和山海关。唐山到山海关的铁路，于清光绪二十年（1894年）竣工；而由天津通往通州的铁路却因保守势力的阻挠，而不得不被搁置起来，改为修筑卢沟桥至汉口的铁路。光绪二十一年（1895年），清王朝才批准修建天津至卢沟桥的铁路，并于两年后通车。由此可见，中国铁路的初创阶段是以天津为中心，向周围地区发展的。

因此，1888年10月9日是一个非常值得纪念的日子，这一天被国际公认为是"中国铁路世纪的开始"。

3. 中国最早的城市公共交通

世界城市公共交通系统源于有轨电车，而天津又是中国最早设立有轨电车的城市。

世界上第一辆以输电线供电的电车出现在1879年的柏林工业展览会上，但第一次把电车用于运载乘客，则是在1884年的加拿大多伦多农业展览会上。这种载客电车的发明者是美国人范德波尔。到了1888年，另一名美国人斯波拉格在里士满的马拉轨道车路线上改用电力牵引车行驶，取得成功，成为世界上第一列具有应用价值的有轨电车。从1890年到1920年，有轨电车被广泛应用于城市的公共交通工具。天津的有轨电车就是在这个大发展时期建立的。

八国联军侵占天津后，欧洲人和日本人先后提出要在天津兴办电车、电灯业务，发起组织了"电车电灯公司董事会"，决定具体事宜由比利时世昌洋行承办。清光绪二十八年（1902年），世昌洋行与天津都统衙门签订议定书，特许天津城周围3千米以内的供电和电车事业由世昌洋行专营，获得了在天津设立电车电灯公司的专利权。然而，不久该公司却将专利转让给比利时通用银行财团。

清光绪二十八年七月十二日（1902 年 8 月 15 日），"都统衙门"撤销后，袁世凯要重新谈判，否则不允许施工；并委派天津知府凌福彭，天津海关道唐绍仪、候补道蔡绍基，天津道王仁宝等，与比利时驻津领事嘎得斯、比利时工程师沙特、世昌洋行经理海礼进行谈判。光绪三十年（1904 年），中、比双方代表在天津重新签订了《天津电车电灯公司合同》，特许比利时电车电灯公司"在天津独有一家筑造承办电灯、车路，以 50 年为期"。该公司与华比银行属同一经营体系，总管理处设于布鲁塞尔，以 25 万英镑为开办资金，一切设备均由比利时采办运津。

为此，比利时电车电灯公司着手两个方面的工作：一是架线和推销电灯、电力，在公司内专门成立了电灯电力分销处；二是对电灯和电力用户采取优惠办法，免收电表押金，初始电费也较低廉，以此打开销路。

清光绪三十二年（1906 年）春，建成了环天津老城的第一条电车路线，这是中国最早的有轨电车。到光绪三十四年（1908 年），又陆续开辟红牌、蓝牌、黄牌、绿牌、花牌电车，各路均由北大关起，分别以老龙头车站、海关为终点。各路电车都以颜色来区分，在全市形成了电车网路，成为当时天津市的主要交通工具。电车票价以铜元为单位，每日可收七八十万枚，占全市流通铜元的 50%～60%。因此，银元和铜元的兑换比率被电车公司操纵。由于电车的经营状况良好，所以到 1912 年左右，投资全部收回。天津沦陷后，日本人接管了该公司，1943 年又开辟了自金钢桥至北站的电车路线。

1945 年抗战胜利后，该公司电力部由国民党资源委员会接收，电车部由天津市公用局接收。比方经理哈萨曾向驻津美军总部申请收回，但布鲁塞尔总部认为此时距原合同 50 年的规定已为期不远，愿无偿交还中国。

1. 电报的应用

自 1844 年美国人莫尔把电报推向应用之后的第 35 个年头，作为先进通信工具的电报率先来到中国天津。

为方便军事信息的传递，清光绪五年（1879 年），李鸿章在北塘海口炮台，经大沽、机器局东局、紫竹林至天津直隶总督行馆间架设了 60 千米的电报线。当时，在中国海关服务的法国人威基谒已发明了一套用数字代表汉字的方法，从而解决了汉字用于电报传输的困难。

其实，把电报通信作为一种尝试，在天津开始得更早。清光绪三年（1877 年）五六月间，李鸿章命英国技术人员祥提指导东局水雷电气学堂的学员，在东局和直隶总督行馆之间架设了 8 千米长的电报线，"通信立刻往复"。后来，福建巡抚丁日昌也开始在旗后（今高雄）至府城台南间架设电报线，但开通的时间要比天津晚五六个月。所以李鸿章对此非常骄傲，他在一封致友人的信中说，这条 8 千米的电报线"数十百年后，必有奉为开山之祖矣"。从此，李鸿章坚决认为电报"似将盛行于中土，应改驿传为电信"。

清光绪六年（1880 年），为配合津沪电报线的架设，发展中国的电报事业，经李鸿章奏请，在天津设立电报学堂。原计划只办一期，后因电报线陆续架设至各省，只好将学堂继续办下去，校址初在东门外扒头街，后移至法租界。课程设置也日益完善，包括：基础电信、数学、制图、电报线路测量、陆上与水下电线架设，仪器规章、国际电报规约、电磁学、电测试、铁路电报、电力照明，等等，成为中国最早培养电报专业人才的学堂。光绪二十六年（1900 年），全堂毕业生达 300 名。

清光绪七年(1881 年)三月，津沪电报线从天津、上海两端同时动工。施工由丹麦大北电报公司承办。十一月四日，天津、上海间陆路电报线建设竣工，全长 3075 里，跨越黄河、长江，以水下电报线连接。十一月一日（12 月 21 日），天津至上海的电报全线开通，十一月八日（12 月 28 日）对外开放营业。津沪电报总局设于天津东门里问津行馆，这是中国第一家电报局，也是中国第一个负责线路工程和组织电报通信的管理机构。李鸿章亲任总裁，天津海关道郑藻如，直隶候补道盛宣怀、刘含芳为总办。另在天津紫竹林、大沽、清江、镇江、苏州和上海设立分局及78处巡房。经费共用湘平银21万余两，先以北洋军饷垫支，然后再募股归还官款。这是中国对公众开放收发官商电报的第一批电报局。

电报局使用莫尔斯人工电报机，每分钟可拍发汉字电码20～25个。计费方法也参照"万国公例"决算：每3码按1字计算；每份电报至少以7字起算；凡是零数凑不足3码者，亦按1字计算；收报人姓名、地址都按字收费。如天津至上海，拍发每个字0.15银元。紧急电报于报尾自加"急"字，此字也算1字；私事紧急电报3倍收费；电报需由收报局照原码传回校对者，资费另加一半。洋文按华文加倍收费，10个洋文字母以内算作1字，超过的加算。

电报局一经设立，便以信息传递的快捷，受到各级政府和各地商人的欢迎，因而迅速由天津发展至全国。电报开通以前，《申报》驻津采访员推出的"国内电讯"栏目中，畿辅一带消息刊出需时六七日；电报开通后，次日便可刊出。

从清光绪五年（1879年）到光绪二十五年（1899年）的20年间，全国共架设电报线3300多千米，除西藏外，电报通信机构已遍及所有省份，"殊方万里，呼吸可通"。中国最早的电报系统开始在天津形成，天津的城市地位也因此而大大提高。

2. 近代邮政的出现

天津的近代邮政事业萌芽于第二次鸦片战争之后，根据中英《天津条约》，各国公使及属员可在中国自设邮政专差，往来北京、天津，中国应予以保护。每年冬季，天津海口封冻，则改由骑差往来至镇江寄发。

不久，英国、法国等国即感到自设邮政专差很是不便，于是改由清政府总理衙门代收、代寄各国的信件。清同治五年（1866年），总理衙门委托总税务司赫德在总税务司衙门里设立"邮政部"，代管北京、天津和上海之间的邮件递送，北京、天津都制定了封发邮件时刻表。代收一般人的信件虽不予收寄，但天津租界里的外国人却可以利用这条邮路把信件寄往上海，再由上海寄回本国。

清光绪四年（1878年），总理各国事务衙门指派天津海关税务司德璀琳在天津、北京间开办骑差邮路，逐日开班，行程17小时。同时以天津为中心，在北京、烟台、牛庄、上海五处试办"海关书信馆"，并由海关发行了中国第一套以蟠龙为图案和印有"大清邮政局"字样的一分银、三分银、五分银三种面值的"大龙邮票"。这一年的二月二十日（1878年3月23日），德璀琳在天津发布公告："海关书信馆"对外开放，收寄华洋公众信件。这一天，是中国近代邮政的创办日，标志着中国近代邮政事业在天津诞生。

同年五月十五（1878年6月15日），德璀琳致函上海海关造册处（海关系统负责印刷的机构），规定5分银邮票用黄色，3分银邮票用红色。根据德璀琳的要求，上海海关造册处于清光绪四年六月十九日（1878年7月18日）给德璀琳发出公函，并附寄黄色5分银邮票500多张、1.25万枚；六月二十五日（7月24日），自上海运抵天津，由德璀琳签收，并开始在天津公开发行，这就是中国第一枚邮票首发的日子。随后，上海海关造册处又先后寄到天津红色3分银邮票500多张、1.25万枚和首批绿色1分银邮票。由于这3种邮票的票幅较大，世称"大龙邮票"；因为是海关发行的，又称"海关大龙"。中国这第一套邮票（俗称"薄纸票"），伴随着中国近代邮政的开始，在天津应运而生。

各地的邮政机构初名"海关书信馆"，天津海关书信馆初设在天津海关大公事房内。因为商民多年习惯向民信局交寄信件，海关书信馆建立后，民间用之者甚少。为了与民信局竞争，德璀琳委托天津大昌商行经理，在三岔河口（今狮子林桥附近）开办了中国第一个邮政代办机构——华洋书信馆。

清光绪五年（1879年），总税务司赫德向各地海关发布通令，邮递业务逐渐向其他口岸推广；邮务总办事处暂设天津，由天津海关税务司德璀琳负责管理各海关邮递业务，天津遂成为全国海关邮政之总汇。各地的海关书信馆并改名"海关拨驷达局"（"拨驷达"即"邮政"的英文音译）。到光绪二十二年（1896年）初，海关拨驷达局相继推广到沿海、沿江城市19处海关，邮政局所的网路初具规模，覆盖了中国沿海各个城市。官府称赞"递信甚捷"，

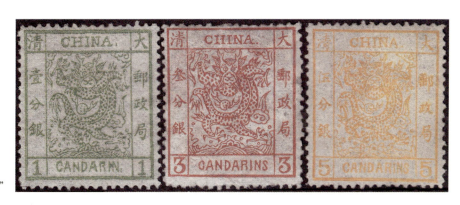

清朝"大龙邮票"

在民间也声誉鹊起。当时，除了以天津为中心的轮船邮路，还建立了天津—北京—大沽、天津—烟台、天津—镇江的各条陆路邮班。天津一度成为中国近代邮政的总汇之地，直到光绪二十二年（1896 年）清王朝正式开办国家邮政，天津"海关拨驷达局"于翌年改为"大清邮政津局"，天津在全国的邮政枢纽地位才开始变化。

由于"大龙邮票"最早是在天津发行的，至今已经有 130 多年，这就从历史上确立了天津在中国邮政史和中国邮票史上的特殊地位。

"大龙邮票"的诞生，不仅使中国近代邮政更臻于完善，而且成为其后集邮家的收藏珍品。1942 年，宋美龄访美，谋求美国对中国抗日战争的支持。她了解到美国总统罗斯福酷爱集邮，便以国礼的方式，送给他一册包括全套"大龙邮票"在内的珍邮，罗斯福总统非常喜欢。宋美龄访美轰动了西方，"龙票外交"也成为世界外交史上的一段佳话。

邮票是西方传入的东西，但是到了中国，其图案、色彩、书写、数字等，都带有中华文化特色；所保留的西方文化元素，只有邮政的形式以及邮票上眉中间 CHINA（中国）的大写英文和下面左右 2 角的阿拉伯数字"5"（或"3""1"）、下边中间的 CANDARINS（5 分银），或 3 分银、1 分银的英译文字。"大龙邮票"是典型的中西文化融合的产物。

开风气之先的西学、西医院和近代体育

1. 电气水雷学堂

为加强海防建设，培养生产、管理和使用水雷的技术人才，李鸿章于清光绪二年（1876年）四月，在天津机器局东局中附设电气水雷学堂（又称"水雷学堂"），"延订西士，选募生童……教练一切"，由洋人贝德斯任教习。这是中国第一所水雷学堂。

水雷，是布设在水中的一种爆炸武器，一般由舰艇、飞机布设，用来炸毁敌人舰船或者限制敌人舰船的活动，是海军必备的武器。东局"制成各种水雷，历赴海口演示，应手立效。"

天津水雷学堂培养了大批电器、水雷技术人才，并在中日甲午战争中发挥了很好的作用。如蔡连干，曾赴美留学，回国后在天津水雷学堂继续学习，毕业后在大沽炮台鱼雷艇队任职。甲午海战时，他指挥鱼雷艇参战，毁伤敌舰多艘。清宣统三年(1911年)，他升任海军部军制司长，翌年授海军中将衔，任总统府高等军事顾问。

2. 天津水师学堂

清光绪六年（1880年），李鸿章在天津机器局东局内选址，建立天津水师学堂，目的是为了给北洋舰队培养人才。水师学堂的办学规制，均参照西洋成规办理。包括选派教习、拟订章程、招生办法、学期及分班、待遇与奖惩、课程设置等。

当时，清王朝正在李鸿章的建议下筹建北洋海军，由于舰艇的驾驶、管轮人员等不敷使用，只得"借才于闽省"。但是南北水土不同，所以北洋海军必须自己就地培养人才。李鸿章就此奏请，于"酌参西国成规……招考学生入堂肄业"。当年，建立学堂的计划得到光绪皇帝的批准，第二年学堂在东局落成，驾驶专业开始招收学生。清光绪八年（1882年）又添设管轮学堂，并且由福建马尾船政学堂聘用留英海军高材生严复为总教习。严复，福建闽侯人，曾毕业于福建船政学堂，并赴英留学，毕业于格林尼治海军大学。他是个既有西学思想，又有海军学识；既有船政经验，又有管理经验的难得人才。严复在天津水师学堂工作了 20 年，发表了多篇抨击时政、宣传革命，传播西学及民主思想的文章，特别是他译著的《天演论》影响巨大。

天津水师学堂的建立时间虽然晚于马尾船政学堂，但是天津水师学堂设有驾驶、管轮两个专业，而马尾船政学堂只有驾驶专业；再说，天津水师学堂的规模、设备、师资力量都远远超过了马尾船政学堂。

当时，学堂的招生工作进行得很困难，由于传统教育观念作祟，一般人都不愿意报考，以致招生条件降得很低，只要年龄在 13 岁以上、17 岁以下，已经读书几年，能作论文或小讲半篇的，即可报名，而且随到随收。录取后试读两个月，合格就可以转为正式学员。即使如此，报名的生童仍然很少。因此，学堂又采取了大幅度提高助学金的办法。原来的助学金是每月白银一两，后来提高到每月八两，据说这些钱在学员读书时能够养活八口之家。学生有病，还可以在学堂就医，药费由学堂发给。

天津水师学堂的学制为五年，所设课程有：英国语言翻译文法、几何、代数、平弧三角、八线、级数、重学以及天文、推步、地舆、测量，等等；同时，"授以枪，俾齐步伐；树之桅，俾习升降……教之经，俾明大义；课以文，俾知论人……为之信赏必罚，以策其倦怠；为之月校季考，以稽其知能"。堂内还设有"观星台一座，以备学习天文者登高测望"。这些都是中国传统教育没有的。水师学堂的学制，开始为 5 年，后改为 7 年。除了课堂教学 4 年，还有船课 3 年，加大了实践的比重，使学生的书本知识和实践能力都得到了提高。

天津水师学堂的校舍建筑，颇具西洋风格。清朝人张焘在《津门纪略》中对学堂作了这样的描述："堂室宏敞整齐，不下一百余椽。楼台掩映，花木参差，藏修游息之所无一不备。"为评估天津水师学堂的教学水平，李鸿章从欧洲各著名海军院校请来一批教官，进行现场和实地考察，得出的结论是：天津水师学堂的教学水平，比起欧洲各海军院校毫不逊色。在培养近代海军人才方面，天津水师学堂确实起了"开北方风气之先，立中国兵船之本"的作用。像著名教育家、南开大学创办人张伯苓，武昌起义时的鄂军都督、"中华民国"首任副总统黎元洪，著名作家谢冰心之父谢葆璋等，都是天津水师学堂的毕业生。清光绪二十六年（1900），八国联军入侵天津，水师学堂连同天津机器局皆毁于战火。

3. 天津武备学堂

为用西洋教育方法培养陆军人才，清光绪十一年（1885 年）正月，经李鸿章奏请，天津武备学堂设立。

开始，学生被安置在法租界水师公所。一年后，在今河东区唐家口柳墅行宫旧址建了校舍。学堂是一个中西合璧的建筑，占地约千亩，外围筑有方型大土城。城墙外有护城河，河边遍植杨柳。城西、城北各开一营门，设有吊桥。城墙上有通道，城墙角有炮台。城中有瓦房 500 多间，北面是演武厅，东面是军械库，南面为职员住宅，东南方有五圣庙，西面为宽阔的草地大操场，四周种树。土城外以东附近有靶场。

武备学堂"演放气球"

学员是由淮军各营挑选"精健聪颖、略通文义弁兵，入堂学习"，两年一届，"回营后转相传授，仍令选新生入堂"。同时，由德国聘用了大批教官执教，包括：李宝、崔发禄、哲宁那、博郎阄士等。同时，也聘请我国一些一流的专家担任教师。课程有"天文、地舆、格致、测绘、算、化诸学，炮台、营垒新法"，同时"操习马队、步队、炮队，及行军布阵、分合攻守诸式"。并把足球列为体育课程，以期博专兼顾，使理论与实践结合。

清光绪十三年（1887年），近代爱国学者华蘅芳在天津武备学堂任教习，他是清末数学家、翻译家和教育家，江苏常州金匮（今无锡市）人。华蘅芳少年时酷爱数学，遍览当时的各种数学书籍。青年时游学上海，经著名数学家李善兰推荐，他刻苦自学西方的代数学和微积分。曾在安庆军械所绘制机械图，并造出中国最早的轮船"黄鹄"号。华蘅芳受到洋务派的器重，参加江南制造总局的计划和开创工作，并在该局内开设翻译馆。他为介绍西方先进的科学技术，分门别类地进行系统译述，对近代科学知识特别是数学知识在中国的传播，起到了重要的作用。华蘅芳对数、理、化、工、医、地以及音乐等学科，有广博的学识，并注重科学研究。他还编写了深入浅出的数学讲义和读本，以专著《学算笔谈》进行数学评论，对培养人才和普及科学有殊多贡献。

武备学堂聘请的西洋教师虽然传播了近代知识，但往往趾高气扬，流露出对中国的歧视贬低。曾经发生了这样一件事：有一个德国教官，拿来一个瞭望气球进行讲解时说："这气球，在欧洲很多年以前就有了，而你们现在还没有见过，更不要说制造和使用了。"华蘅芳得知此事后，非常气愤，决心自己制造一个让德国人看看。他立即着手设计，与学员们一起反复试验，终于在清光绪十三年（1887年）制成了一个直径为1.7米的气球，并自己制备了氢气。当这个气球冉冉升空时，人们欢欣鼓舞。此后，武备学堂每到节日都要向空中施放气球。气球下面的吊篮里，可以乘坐5个人，可以在空中停留24小时。人们争相观看，成为当时天津的一景。

天津武备学堂开办了15年，培养了大批军事和工程技术人才。仅袁世凯小站新军中，就有130多名武备学堂毕业生，担任各项重要职务。其中有后来的民国北洋政府大总统冯国璋、曹锟，国务总理兼执政段祺瑞；有国务总理兼陆军总长张绍曾、靳云鹏以及不少督军，诸如王士珍、段芝贵、李纯、陆建章、王占元、陈光远、鲍贵卿、张怀芝、李长泰、雷振春、阮忠枢，等等。他们在民国初年北洋军阀统治中国期间，大都是风云一时的人物，左右了那一特殊时期的历史与政局。这种现象，在近代中国的学堂是绝无仅有的。

4. 北洋西学学堂

经过中日甲午战争，社会上的有识之士看到日本在明治维新后，大力发展近代教育，取得了很大的成效；反观中国，却因教育制度的陈腐，而使国家日益衰落。所以，认为要像日本那样，首先从教育上学习西方。正是在这种思潮的推动下，天津海关道盛宣怀于清光绪二十一年（1895 年）呈请直隶总督王文韶上奏朝廷，奉旨允准后，于同年八月十四日（1895 年 10 月 2 日），在天津海关税务司德璀琳原来所建博文书院中西学堂址(今海河中学)，建立了天津北洋西学学堂。

北洋西学学堂的教学体系完全是按照西方高等学校的标准建设的，具体地说，该校以美国哈佛大学和耶鲁大学的学制为蓝本，设有法科、矿山科、土木科、机械科等。由于生源短缺，从翌年开始招收预科生。当时，本科叫"头等学堂"，学习各种"专门之学"，修业期限为四年；预科称"二等学堂"，学习英文和普通科学，修业期限亦为四年，目的是为升入"头等学堂"作准备。学堂督办为盛宣怀，总教习是在天津自办中西学堂的美国人丁家立，任职达 13 年之久。清光绪二十二年（1896 年），该学堂改名"北洋大学堂"。光绪

北洋大学堂时期建筑

二十六年（1900年），八国联军入侵天津，该学堂被德军占领，作为兵营，被迫停课。直隶总督兼北洋大臣袁世凯多次交涉，仍不容复课。丁家立自告奋勇赴柏林，向德国政府索取赔偿银 5 万两。

清光绪二十八年（1902年），袁世凯指定在西沽武库废墟上重建校舍，转年学校迁至西沽武库新址，正式复课，仍称"北洋大学堂"。学堂经常派学生出国留学，远赴美国、德国、日本、比利时、英国等国深造，大部分进入美国哈佛、耶鲁、布朗、康奈尔、麻省理工学院等院校学习。学生在国外的表现，使西方教育界把北洋大学堂列入名牌大学之列。

北洋西学学堂的出现，标志着近代教育制度开始在中国确立；而且，北洋西学学堂比戊戌维新期间建立的京师大学堂的创办时间还要早三年，是当之无愧的近代中国第一所国立的高等学府。后来，北洋西学学堂更名为"国立北洋大学"，新中国成立后调整为天津大学。至今，该校仍以 10 月 2 日作为校庆日。

5. 南开中学

在清光绪二十四年（1898年）严修所设严馆和光绪二十七年（1901年）王奎章所设王馆的基础上，合并而成的私立中学堂（今南开中学），于清光绪三十年九月八日（1904年10 月 16 日）正式成立。私立中学堂是仿照欧美近代教育制度所创办的一所私立学校。张伯苓任监督，首期招生 80 人。校址借用严宅偏院，地处西北角文昌宫以西四棵树。光绪三十年 (1905 年) 公历 2 月，根据严修的意见，改名为"私立敬业中学堂"。光绪三十三年（1907年），迁至邑绅郑菊如捐地的新校址。因为地处南开洼（今南开区四马路 22 号），遂改校名为"私立南开中学堂"。

此后，学堂几度更名。日本侵华时期，该校南迁重庆沙坪坝，到南渝中学上课。抗战胜利后，回迁天津复校。南开中学是闻名海内外的名校，具有光荣的传统，培养了新中国的两位总理和多位党和国家领导人，几十名"两院"[1] 院士，还有一大批文化艺术大师。老舍、曹禺等，曾在南开中学任教。

---

1 对中国科学院和中国工程院的统称。

6. 南开大学

南开大学创办于 1919 年，严修（1860—1920 年），字范孙，为"校父"，张伯苓（1876—1951 年）为校长。南开大学成立时，设文、理、商 3 科；1921 年，增设矿科（1926 年停办）。1927 年，成立社会经济研究委员会（后改称"经济研究所"）和满蒙研究会（后改称"东北研究会"）。经济研究所趋重实地调查和以物价指数为主的经济统计工作，其出版的《经济周刊》《南开指数年刊》等，多为国内外学术界所借重。1929 年，改科为院，设有文学院、理学院、商学院及医预科，共 13 个系。1931 年，商学院与文学院经济系及经济研究所合并成立经济学院；创办化学工程系和电机工程系，附属于理学院；1932 年设立应用化学研究所。

早期的南开大学作为私立大学，其经费除政府少许补贴和学费及校产收入外，基本赖于基金团体和私人捐赠。本着"贵精不贵多，重质不重量"的原则以及投资所限，学校规模一直较小，1937 年在校学生仅 429 人。但师资力量较强，如杨石先（化学系）、范文澜（历史系）、罗隆基（政治系）、吴大猷（物理系）等，都曾在南开任教。经过长期的艰苦创业，南开大学终以优越的学术环境、严谨的科学训练方针以及崇尚务实的精神而名驰南北，为

南开中学，周恩来总理的母校（CFP供图）

国家和民族培养了一批优秀人才。南开大学是敬爱的周恩来总理的母校，陈省身、吴大猷、曹禺等是其杰出代表。

1937年7月，正处于成熟发展时期的南开大学，不幸惨遭日本侵略军狂轰滥炸，三分之二的校舍被毁。同年8月，南开大学与北京大学、清华大学合组长沙临时大学，三校校长张伯苓、蒋梦麟、梅贻琦为常务委员，共主校务。翌年4月，长沙临时大学迁往昆明，改称"西南联合大学"。联办期间，三校风云际会，艰苦创业，和衷共济，为国家民族培养了一大批杰出的科学人才和革命志士，谱写了中国教育史上的光辉篇章。抗日战争胜利后，三校北归复建。1946年，南开大学迁回天津并改为国立。复校后师资力量有了加强，一批学者如吴大任、卞之琳等来校任教。张伯苓在担任校长长达30年之后，于1948年离任，由何廉代理校长。

南开大学的学制和教学，开始时照办美国，这存在很大的弊端，引发了"轮回教育"事件的发生。1928年春，学校指定《南开大学发展方案》，明确地提出以"土货化"为学校发展的根本方针。"土货化"方针的提出，是南开大学教育思想上的重大进步，也是南开大学发展到一个新阶段的标志。南开大学的校务管理，教学设施以及教学效益，在当时的全国私立大学中都是比较好的。当时，天津流传一种说法，"天津有三桩宝：永利（化工厂）、南开和《大公报》"。

1948年，英国牛津大学致函国民政府教育部，确认包括国立中央大学、国立北京大学、国立清华大学、国立浙江大学、国立武汉大学、私立南开大学以及协和医学院的文理科学士毕业生成绩平均在80分以上者，享有"牛津之高级生地位"（即今之大学四年级学生）。

7. 天津西医院

天津西医院的前身，是清咸丰十一年（1861年）英国驻屯军在紫竹林开设的军医诊所。清同治七年（1868年），军医诊所转交英国基督教会，改名"基督教伦敦会施诊所"，地址在河北药王庙李鸿章家庙（今三岔河口附近）。

李鸿章相信西医，先请在北京的美以美会[1]女医生郝维德为其妻治病，效果良好；接着，英国基督教伦敦会的英籍医生马根济治好了李鸿章妻子的重病。为此，李鸿章广筹资金，

---

1 "美以美会"是1844—1939年在美国北方的卫理公会所使用的宗派名称。

在法租界紫竹林一带的海大道（今大沽北路75—77号）兴建了一座庙宇式建筑，将施诊所扩建成"伦敦会医院"。这是近代中国第一所规模完整的私立西医医院。

清光绪十四年（1888年），马根济大夫因病去世，终年37岁。马大夫去世以后，英国基督教伦敦会从1888—1945年，先后派过12名英籍医生继任院长。为纪念马根济大夫的立业之功，1924年，医院扩建后改名为"马大夫纪念医院"（新中国成立后改名"天津市立人民医院"）。

清光绪七年（1881年），马根济还在天津设立了医学馆，第一班学生共8人，第二班学生4人，第三班学生12人，经费由海防支应局拨给，教师由在天津的英国、美国海军中的医生担任。马根济去世后，医学馆一度为伦敦会收回。

清光绪二十年（1894），李鸿章根据《北洋海军章程》，奏定设立天津储药施医总医院，院内附设西医学堂（也叫"北洋医学堂"），即以当初马根济开办的医学馆为基础，"选募聪颖生徒……分班肄业。订雇英国医官欧士敦来津，偕同洋、汉文教习，拟定课程，尽心启迪"。它是中国建立最早的一所培育西医的院校，校长林联辉是医学馆的第一班优秀毕业生。

8. 水阁医院

水阁医院创建于清光绪二十八年（1902年），是全国较早创办的女子医院之一，也是天津市早期官办医院之一。初名"北洋女医院"，因院址在天津市南开区东门外水阁大街28号，后称"水阁医院"。该院占地4636平方米，首任院长是金韵梅。

金韵梅（1864—1934年），原籍浙江镇海人，基督教牧师之女。3岁时，父母死于瘟疫后，她由外国传教士带往美国，是中国女子留学的第一人。1885年，金韵梅毕业于美国纽约医科大学，名列全校第一名，美国医术界争相延聘。金韵梅常怀念因缺医少药而死于祖国的父母，蓄志归国发展医学。1888年，金韵梅回国，先在上海、广州、厦门等地行医，后来天津，任北洋女医院首任院长。1907年她创办女子医药护士学校，并兼任校长。

清光绪三十四年（1908年）7月，直隶总督袁世凯赐银二万两，创建长芦女子医学堂，附属于北洋女医院，设助产、护理两班，金韵梅兼任院长。1914年（一说1916年），由于直隶省署停发该院经费，院务无法开展，金韵梅辞去院长职务，去北京办医科学校。她在京津两地从事医疗工作20多年，颇有声望。

　　1915年，在严修、李琴湘鼎力相助下，重组董事会，募集资金，北洋女医院继续开办，改名为"天津公立女医局"。聘康爱德为局长，由曹丽云接任局长。1922年8月，曹丽云去世。1923年，天津公立女医局董事长严修力举丁懋英任局长。

　　丁懋英（1891—1969年），上海人，是上海著名孟河中医丁甘人之女。民国初年来天津，入严氏女学读书，为严修所器重，并得严氏之助，赴英美留学习医。她接任天津女医局时，刚由美国密歇根大学医学院毕业，使医院得以较快发展。

　　1933年，建立严公儿科医院（后为行政办公楼）。严公儿科医院的建立，有其重要意义。因为天津为通商大埠，人烟稠密，虽有多家医院，但当时尚无专门儿科医院，致使儿童出现疾病，家长无所适从，中西药乱吃，因此夭亡者每年数万计，实属令人心痛。据1933年11月20日《益世报》报道："津市名绅严范老，曾予生前捐助巨款，筹设儿科医院。经本市公立女医局经办，在东门外水阁大街女医局旁，新盖楼房一所。"该儿科医院于当年8月初动工，到11月中旬外部工程告竣。再经过内部装修，12月即正式开诊。

　　儿科医院由丁懋英兼任院长，聘有4名著名儿科医生应诊，仅收取极低廉的医疗费用，并且有免费办法。医院大楼虽为中国旧式建筑，但光线、空气极其充足，楼上楼下设有病床25张，16岁以下病儿皆可住院。医院还备有验血孵箱（不足月的婴儿可以用孵鸡之法孵其长大）及预防麻疹、猩红热、白喉、天花等病的医学设备，是当时天津儿童之福音。1933年12月25日下午3时，儿科医院举行了开幕庆祝会，约请女医局董事及当地名流，如严修夫人、张伯苓、严智怡、雍剑秋、黄子坚夫人等参加。丁懋英院长主持大会并致欢迎辞；张伯苓进行了演说，希望丁大夫发扬严公之精神；严智怡在演说中，表示"甚愿即为此后发展全省医院之发端"。会后，与会人员参观了医院，给予很高评价。

　　1934年，天津公立女医局又建设了丽云高级护士学校楼（后为托儿所楼）。1935年9月，建宝珍工友楼。1935年11月，建爱得医师楼（后为职工宿舍楼）。此时，公立女医局能够专门医治妇女各种病症。但是，他们并不就此满足，进一步把施治方向向平民化拓展。1935年5月，天津公立女医局特意附设了一处平民男子诊疗所，并聘请本市著名大夫分别诊疗。除周日停诊外，诊治时间为每日上午9时至12时。为救济一般贫苦患者，不收挂号费，酌情收少量医疗费。因此，每日前往就医者颇多。

　　1935年，天津公立女医局重定了章程，更名为"天津女医院"。1943年6月，建成天津女医院病理检验所。当时，其检验设备、检验手段，是天津医院中最先进、最完备的。天津女医院业务兴旺，经费自给有余。1946年，该院有病床120张。除了妇产科，另设外科、小儿科、内科、肺痨科、耳鼻喉科、眼科、皮肤科、妇婴卫生科等。添置 x 光透视机、照相机以及其他大量医疗用具。随着医院业务发展，在天津市成都道建天津女医院分院；在南开四马路南开中学内与"救世军"一起合办分诊所；在和平区大沽路小白楼和拉萨道瑞华里与天津女青年会合办两所平民保产所；在西南角小医院建分诊所；在天津市吴家窑设乡村卫生所；在天津市河北公园旁建天津人民肺病疗养院等医疗机构。丁懋英任聘时间长达 28 年。她治院严谨，为人正直，用人精干，为天津市人民特别是一般平民做出了贡献。

9. 引进篮球运动

中国的篮球运动，是随着基督教青年会在天津的筹建而开始的。清光绪二十一年（1895年）十二月八日，外籍体育专家来会理召开筹建天津基督教青年会演讲的前后，进行了"筐（篮）球游戏"表演。随后，与会听讲的北洋医学堂和北洋西学堂，相继开始了筐（篮）球游戏。此为篮球运动传入中国的开始。

转年的夏秋，北洋水师学堂、电报学堂和武备学堂，也相继开展了筐（篮）球游戏。据记载，当时这些高等学堂的学生们，平日举止拘谨，篮球运动使他们暂时放下了书生的呆板，恢复了年轻人的活泼本性。为了打篮球，他们修短长长的指甲，脱掉长袍，盘起发辫。

此后，天津基督教青年会总干事格林，又派外籍干事分别到北洋大学堂、新学书院、工业学堂、高等工业学堂，传播篮球游戏和田径运动。随之，普通学堂、官立中学堂及汇文、究真、南开、扶轮和官立中学，以及私立第一小学、文昌宫等小学即开展篮球活动，并组织校级代表队。篮球运动在学校初步形成规模以后，便逐渐扩展到工厂、机关、企业等其他地方。

天津基督教青年会东马路新会所落成后，建设有中国第一个室内篮球场。当时，培养出一批技术较好的运动员，在各种比赛中取得了好的成绩。这也为后来张伯苓首倡中国的奥林匹克运动，奠定了基础。

第五章
文学艺术

历史上，大海曾经赋予天津丰饶的物产；海洋，曾与天津一起，贮存过城市生命中的清晨与暮霭。因此，在天津，以海洋为形象的文学艺术作品丰富多彩，诸如诗歌、散文、国画、年画、版画、民歌、舞蹈、传说等，不胜枚举。这些涉及海洋的文学艺术作品，门类众多，范围广泛，或吟咏大海，或描绘海门，或表现海运，或颂扬海神，或反映捕鱼、制盐……是我们研究昔日天津与海洋有关的社会生活的宝贵史料，也是重要的历史文化遗产。许多精彩的内容，至今仍活跃在天津广大群众的文化生活中。

海洋，是天津的基础文明，也是天津人民收获与奋斗历程中的亲密伴侣。当我们重返时光隧道的时候，一定会发现大量关于海洋的文学艺术珍品，犹如彩线串珠，美不胜收；给我们展现出的，是一幅生动、形象的海洋文学艺术的历史长卷。

杨柳青年画《铁道火轮车》

诗歌

1. 描绘海洋的诗歌。

在天津，最早吟咏海洋，并生动描绘出海洋是如何在沉寂中积蓄力量，在咆哮中展示风威，以及当地人如何在与海洋的拼搏中开拓生活与生命的诗作，当属元代人臧梦解的《直沽谣》了。虽然字数不多，但是由于来源于当年直沽的社会现实，所以非常真切感人：

> 杂遝东入海，归来几人在？纷纷道路觅亨衢，笑我蓬门绝冠盖。虎不食堂上肉，狼不惊里中妇。风尘出门即险阻，何况茫茫海如许！去年吴人赴燕蓟，北风吹人浪如砥。一时输粟得官归。杀马椎牛宴闾里。今年吴儿求高迁，复祷天妃上海船。北风吹儿堕黑水，始知溟渤皆墓田。劝君陆行莫忘莱州道，水行莫忘沙门岛。豺狼当路蛟龙争，宁论他人致身卑。君不见，贾胡剖腹藏明珠，后来无人鉴覆车。明年五月南风起，犹有行人问直沽。

对于臧梦解目前了解的情况不多，只知道他是浙江庆元人，南宋的进士，元代做官至广东肃政廉访使，曾经路过直沽。在了解了直沽的风土人情和社会生活之后，遂有此诗之作。

再有便是明代汪必东的《天津歌》和《观海赋》了。

《天津歌》属赋体，虽然写出了大海的气势磅礴，但今天读起来，用典部分让人费解，文字也略显佶屈聱牙：

> 状燕游兮瘴楚人，乘天风兮泊天津。渺兮不可以极目，但见波光凌乱，一望四际如摇银。左黄河之一线兮，分远派于昆仑。右帝桥下之金水兮，自两山而潆濆。沧瀛溟渤，合沓澎湃，日夕东注而不舍兮，有若天河下上毂转而循环。逆潮汐以涨岸

兮，高百尺之嶙峋。商船浮海兮杳杳，渔舟聚沽兮鳞鳞。楚艭吴舰，樯簇树而帆排云兮，仍仍而频频。或瞻星于月夕，或号风于雨晨。或包茅以裹玉，或弹冠而搢绅。皆扬衡而含笑，言振步于京尘。仰天枢于北辰兮，陌星桥于西洛。顾瀛州之在瞻兮，迻蓬莱于东阁。游吾魂兮汗漫，采童谣兮村落。恨野词兮菤稗，愧翰香兮兰药。景皇风而波立，搜枯肠而吟嚎。安得排峰涸海之笔砚兮，继大雅而有作。

另一首直接描绘大海的，就是汪必东的《观海赋》，把明代天津水乡的清阔与苍茫，描述得绘声绘色。

岁丁丑兮月季春，日庚寅兮间芳辰。立东门兮望东海，乘天风兮下天津。进桂棹兮兰桨，侣商舶兮渔舫。沽河兮横直，鸢鱼兮下上。发胸臆兮崔嵬，弘襟带兮泱漭。远危魂于四游兮，纵奇观于万象。顿凤心其若降兮，祛尘事之鞅掌。苟神仙之可遇兮，将脱屣而偕往。寒津人兮彝犹，羌不行兮中流。海天荒，海崖幽，目未极兮心神愀。天无风兮水自流，空不云兮雾常浮。风飕飕尘扬兮，羌白日之忽改；潮汹汹而山来兮，撼草树其颠沛。蛟室寂而贝光寒兮，蜃楼高而鼍鼓大。阒四顾其无人，恍蜽象之害也。十洲三岛之神仙兮，魂渺渺乎何在也？指登莱其琼居兮，乃曰尘迹所届也；抑神仙乐帝游兮，又奚为彼界也？亮凤昔之传闻，好事者诚好怪也。粤有功莫秦皇兮，勤徐市以东迎。穷十年而不获兮，制连弩以毒鲛鲸。暨汉武之效尤兮，频海居其几夕？偕公孙而伫缑氏兮，空巨人狗雉之轻迹。招吾魂兮四游，返桂棹兮兰舟。舍小道兮鬼国[1]，观大化兮皇州。撷华藻以为佩兮，采白茝以为筐。托寒修以为理兮，结水好于灵修，脱灵修之不吾兮，吾将就平陆于楚之林丘。

汪必东，明代崇阳（今湖北省）人，是一位颇有才气且具文化品位的官员。明正德十一年（1516 年），汪必东由户部郎中出任天津户部分司。他修建了天津最早的官署园林"浣俗亭"。据《天津县新志》记载："浣俗亭在户部分司署内，明正德间郎中汪必东建"。但生卒未详。

1　或为"谷"。

清人描写海洋的诗作，可以康尧衢的《海门》（二首）为代表。

其一：

众流归处涨如烟，一片空濛接远天。

樯影浓分春雨外，滩声寒落晚风前。

其二：

海门浪阔饶珍物，沽口人多事钓船。

无数河豚新网得，应时不计市鱼钱。

康尧衢，字道平，号达夫，晚年自号"海上樵人"，天津人。他是清乾隆年间贡生，屡考举人不中，遂弃举业，专事作诗，居住于同乡李承鸿家，为文酒之会，曾与人赌百韵诗，伸纸立就，众皆惊叹。乾隆末年，天津作诗之风趋向衰落，康尧衢起而振之，遂使复兴。他为人耿直，好面折人过。遇戚友困乏，不惜倾囊资助，而自己所居不过破屋数檐。终年62岁。康尧衢著有《海上樵人稿》十二卷、《蕉石山房诗草》一卷、《津门风物诗》四卷、《云构诗谈》四卷，辑有《发硎集》三卷，节录《女诫》一卷。此诗收在康氏的《沽上竹枝》中。

另有一首便是清代王荣绩的《北塘口炮台望海》，该诗描述出北塘口炮台的重要位置，以及诗人面朝大海，想到的历史和社会现实情况。作者的生平不详。

渤海之北北塘口，沽河南下潮声吼。高高远见双炮台，前代备倭曾严守。迂途竟往褰衣登，心胸开豁姿娇首。仙人来往似可逢，安期枣沁麻姑酒。谁将铁网胄珊瑚，钓鳖拟倩任公手。吾闻：燕齐辽左环少海，朝鲜遥知如襟肘。海氛自昔多烽火，于今有道等池薮。最是渔人帆樯乐，打渔满舶金盈斗。年来几度到海堧，纵目常恨无山阜。领瓯额如㴠濒堆，其一岸然尚壁陡。积水连天气渺茫，蓬莱方丈知真否？岛屿远近类凫鹥，欲问碣石沦已久。蜃楼变幻虽未睹，大观自觉精神抖。路转成山通大洋，万国梯航从户牖。青山千吕海无波，奇珍异宝中原走。夕阳朝落炮台边，家家晒网歌击缶。

清代描写海洋的诗歌还可举出几首，一是廉任的《观海》，一是邵兰谱的《七里烟波》，写的是当年宁河七里海之雄势壮阔。原载于乾隆刊本《宁河县志·题咏》。

先看《观海》：

乾坤一气浩漫漫，凭眺苍茫眼界宽。

水激三千摇彼岸，风搏九万足遐观。

驾空楼阁犹缥缈，吹浪鱼龙自屈蟠。

莫向中流夸砥柱，清时久已庆安澜。

廉任系今天津市宁河县人，清乾隆三十三年（1768年）的岁贡。

再看《七里烟波》：

河势能分海势雄，杳无涯畔辨西东。

沿回会合流归壑，激浪奔腾日泻空。

烟树微茫迷暮霭，帆樯隐约逐秋风。

乘槎谁觅源头去，可与银河曲曲通。

邵兰谱也是宁河县人，清乾隆十八年（1753年）拔贡，曾任平府训导、四川忠州梁山县知县。

此外，邵兰谱还有《江口渔歌》，是写沿海渔民捕鱼的生活，也值得一读：

千顷波涛一叶舟，随波上下自夷犹。

投竿寄尽烟霞傲，对酒歌残芦荻秋。

只此生涯朝复暮，无边清兴唱还酬。

沿流日暮江风起，隔浦吹来笛韵幽。

邵兰谱的诗，均载于乾隆刊本的《宁河县志·题咏》。

2. 有关海的结晶——盐的诗作。

清乾隆三十二年（1767 年）三月五日、六日，乾隆皇帝巡幸天津，两次驻跸葛沽杨慧庄行宫，并巡视丰财场，作《瀛裔》诗一首：

> 巡方至处庡黎黔，瀛裔民风策马觇。
>
> 力穑仍艰登稷黍，资生惟是藉鱼盐。
>
> 芦田概与均蠲负，沙户因之期引恬。
>
> 斥卤安能变膏壤？汉时早说海波渐。

明清时期，天津成为长芦盐的总汇之地，尤其是销制度的改革，极大地促进了长芦盐的生产。清代初年，长芦的盐产量已增至 600 万引，纳课税银 70 余万两，相当于清王朝全部盐课的 10%，国库收入的 1%。长芦巡盐御史衙门也因此由北京迁到天津。由于盐商在地方经济中有着举足轻重的作用，所以连皇帝对盐商也是"时邀眷顾，或召对，或赐宴，赏赉渥厚，拟于大僚。"有清一代，乾隆皇帝先后十次巡视天津，有九次"恩恤"长芦盐商，或赐珍品，或减免课税。到盐场即兴赋诗，也是很自然的事。

在长芦盐的产地中，芦台非常有名，所产盐被誉为"芦台玉砂"。清代宁河诗人邵兰谱，就写有《芦台玉砂》诗一首：

> 玉屑霏霏斥地盐，河干垒积削山尖。
>
> 雪分皓洁光同灿，梅与调合味可兼。
>
> 不借煎熬功倍减，但余漉晒利均添。
>
> 年来物产应饶贮，蔀屋丰盈共养恬。

盐的生产一直是国计民生所必需，但古代从事熬盐、晒盐的盐丁生活极为艰苦，终日劳作而食不果腹，衣不蔽体。明代进士郭五常，字大经，河南汝宁府西平人。他写有《悯盐丁》一首，对盐丁煎盐的悲惨生活，作了真实、生动的描述。

煎盐苦，煎盐苦；濒海风霾恒弗雨。

赤卤茫茫草尽枯，灶底无柴空积卤。

借贷无从生计疏，十家村落逃亡五。

晒盐苦，晒盐苦；水涨潮翻滩没股。

雪花点散不成珠，池面平铺尽泥土。

商执支牒吏敲门，私负公输竟何补。

儿女鸣咽夜不炊，翁妪憔悴衣褴缕；

古来水旱伤三农，谁知盐丁同此楚。

我欲挽回淳古风，深惭调燮无丝补。

且以仁煦摩，且以义鼓舞；

勿使心如墨，勿使政如虎。

中和一致雨旸时，煎晒应无当日苦。

历史上，各地产盐一直是由国家专卖，也是国家税收的重要组成部分。直到明代中叶以后，才改成"引案专销"制度，交商发售。由于盐在产销过程中利润丰厚，所以历代无论采取多么严厉的政策和办法，也不能禁止贩运私盐。清代的张在泰，广东顺德人，是位举人。他在宁河期间，为此写了一首《私盐叹》，对那些以贩运私盐谋生的盐贩子寄予了极大的同情之心。诗中说：

天地不爱宝，原以鞠斯人。独慨产盐地，若天苦厥民。

如我宁河县，建依渤海滨。淀有九十九，潦岁无涯津。

灵雨稍愆期，勺水等八珍。泽薮丰苇草，颇足供柴薪。

或织为簟席，亦可佐蒲茵。厥土惟赤碱，蚤寒裂成皴。

广种力穑事，薄收虚其春。莱芜难闲垦，庄农最艰辛。

只赖古潮河，盐卤生相因。隶籍咸灶户，玉砂白于银。

摊晒废熬煎，妙术悉由神。奈自管敬仲，府海忘黎黔。

肩挑与背负，圣主怜孤贫。贱商恣垄断，会计极纤尘。

老少给几何？生齿日纷纭！境罕良田畴，俯仰怀莫申。

抳取遘容易，阜通殊趦趄。徇窦设要路，昏夜严查巡。

遂使终窦子，网密恒逮身！送官求惩创，抵法难施仁。

岂不怜饥寒，母乃干咎民。且恐失宽纵，俗浇未复淳。

姑息酿奸宄，小惠余弗徇。每治私盐犯，抚案增懑憞。

安得俾盐沟，悉化苗怀新。即为黄须草，犹或给饕飧。

薏秤三棱野，果腹亦足扪。淡泊明吾志，焉用盐陈陈。

由于作者在明代嘉靖年间曾任长芦都转运使，此诗由他目睹而作，应该是可信的。

3. 元代以来，吟咏海神娘娘、妈祖的诗篇。

元朝的首都是大都，即今北京。为保障大都的供应，元朝实行南粮北调的海运。为乞求对往来漕船安全的护佑，妈祖信仰来到天津。朝廷每年遣使斋香祭祀，在民间则形成了普遍的信仰。每逢天妃诞辰都要举行盛大的祭祀活动，时称"天后会""娘娘会"，清代中叶改称"皇会"，并为天津一地妈祖信仰中所特有。这种祭祀一直持续到 1924 年。1936 年，天津举行了新中国成立前最后一次庆祝活动。直到 2000 年妈祖诞辰 1041 周年的时候，天津举行了首次妈祖文化节，很多的民间文艺表演才重新走上街头。妈祖文化在天津传承至今，这在中国的沿海大城市中，是十分罕见的。

描绘直沽天妃宫祭祀活动的最著名诗篇，是元代张翥的《代祀天妃庙次直沽作》。张翥（1287—1368 年）字仲举，晋宁（今属云南）人。曾任国子监助教，翰林院国史馆编修，翰林学士，后任河南省平章政事。他参与过宋、辽、金三史的编修，著有《蜕庵集》。元至元年间，元世祖忽必烈派张翥为特使，到天津天妃庙祭祀天妃时，遂作此诗。

晓日三岔口，连樯集万艘。

普天均雨露，大海静波涛。

入庙灵风肃，焚香瑞气高。

使臣三奠毕，喜色满宫袍。

明代无名氏的《直沽棹歌》写得非常俏丽，特别是其中对直沽酒的描绘，甚至成为酒家宣传的"广告语"。

天妃庙对直沽开，津鼓连船柳下催。

酾酒未终舟子报，柁楼黄磔早飞来。

对天津天后宫的吟咏，可以乾隆皇帝为代表。有一年端午节，乾隆皇帝巡视天津道、天津府时，在三岔河口御舟之中，见到天后宫内香烟袅袅，钟磬声声的情景，于是诗性大发，御书《咏天后宫》一首：

沽水曲曲树重重，普天雨露沐皇风。

宫观楼阁人不见，但闻天声满舟中。

清代著名学者汪沆，字西颢，又字师李，号槐堂，浙江钱塘（今杭州）人，监生。他曾在天津参与府志和县志的编修工作。工余之暇，汪沆到城内城外游历考察，写有《津门杂事诗》百首。在《天后宫》一首中，他特别对天后宫的修建时间提出了疑问：

天后宫前泊贾船，相呼郎罢祷神筵。

穹碑剔藓从头读，署字都无泰定年。

自注："《元史·泰定帝本纪》：'泰定三年八月，作天妃宫于海津镇。'此则天津立庙之始，旧志及碑碣皆不详。"

再有便是蒋诗在《沽河杂咏》中的一首：

庙貌权舆泰定中，今年卜得顺帆风。

刘家港里如云舶，都祷灵慈天后宫。

自注："《元史·本纪》：'泰定三年八月，作天妃宫于海津镇。'《寰宇志》：元藏梦解《直沽谣》：'今年吴儿求高迁，复祷天妃上海船。'《玩斋集》：'万艘如云，毕集海滨之刘家港，于是斋戒卜吉于天妃灵慈宫。'"

蒋诗，字秋吟，浙江仁和人。清嘉庆十年（1805年）进士，由翰林院编修官侍御。著有《秋吟诗钞》等。《沽河杂咏》是他游览天津时所作，反映了当时天津的人情风物。

崔旭在所作《津门百泳》中亦有两首，为游览天后宫和观看皇会后有感而作。一名《天后宫》：

飞帆海上著朱衣，天后加封古所稀。

六百年来垂庙貌，海津元代祀天妃。

自注："《临安志》：'林氏女能乘席渡海，著朱衣飞翻海上。'《元史》：'南海女神灵惠夫人，以护海运加封天妃，作宫海津镇。国朝加封天后。'"

另一名《皇会》：

逐队幢幡百戏催，笙箫铙鼓响春雷。

盈街填巷人如堵，万盏明灯看驾来。

自注："天后宫赛社，俗称'皇会'。"

崔旭，字晓林，号念堂，河北庆云人，八岁能作诗。清嘉庆五年（1800年）举人，出任山西省蒲县知县，后兼理大宁县事，政声卓著，深受乡民爱戴。清道光十三年(1833年)，他因病引退归里，潜心著述。崔旭与天津大诗人梅成栋同出张问陶（船山）门下，号称"燕南二俊"。他在津寓居40余年。道光四年（1824年），崔旭于所见所闻，写出《津门百咏》（实存96首），描绘了天津自然面貌、建筑、艺文、人物、名胜、风俗、衣着、街市、商业、食品和社会生活。作品风格卓著，别具特色，文笔似行云流水，优美动人，被誉为清代中叶天津社会生活的"小百科全书"。著有《念堂诗话》四卷，《念堂诗草》一卷，《念堂文集》《念堂胜录》等。

有清一代吟咏天后宫的其他诗篇也不算少，现列举数首。

一是华鼎元的《天后宫》：

梵宫建自海运始，吊古客来寻旧碑。

一年最好是三月，无边春色游人嬉。

华鼎元，字问三，号文珊，晚清天津人，天津著名诗人华长卿之子，诗人。他在收录此诗的《津门征迹诗》序中说："同治乙丑，随侍扶余学署，残冬无事，辄动旅思。偶忆及故乡胜迹，拈笔咏之，积久遂成绝句百首。先时，余曾有'征献诗'之作，故此为'征迹诗'。其中有应附注者，俟异日补之。"此诗说明，天妃宫和天后宫始建于元代海漕兴起时。

二是梅宝璐的《竹枝词》：

九河天堑近渔阳，三辅津梁著水乡。

海舶粮艘风浪稳，齐朝天后进神香。

梅宝璐（1816—1891 年），字小树，诗文俱佳，天津著名诗人梅成栋第二子。其父的挚友石元成在直隶做官时，聘请梅宝璐为幕僚。此后，梅宝璐随石元成数十年，走遍畿辅的州县；在正定、巨鹿、枣强时，正值太平天国北伐进入直隶。梅宝璐协助石元成征调军需，筹备战守。晚年，梅宝璐回到天津，承继父业，与好友杨光仪酬唱吟咏，继其父续起"梅花诗社"，诗风雄浑苍厚。著作有《闻妙香馆诗存》，曾题写了脍炙人口的天津鼓楼楼阁外檐的抱柱联："高敞快登临，看七十二沽往来帆影；繁华谁唤醒，听一百八杵早晚钟声。"

这首《竹枝词》描写了天津水乡泽国和海漕危险性，以及漕船到达天津后，祭祀天后的情况。

三是：王韫徽的《津门杂咏》：

三月村庄农事忙，忙中一事更难忘。

携儿偕伴舟车载，好向娘娘庙进香。

王韫徽，字澹音，浙江娄县人。著有《环青阁诗稿》8 卷。曾游天津，所作《津门杂咏》描写农历三月妈祖生日前后，男女争相到天津娘娘庙进香的情景。

四是于廷献的《天后宫》：

驱使封家十八姨，龙洋鲸浪坦如夷。

三津宫殿同瞻仰，万里帆樯尽指迷。

彩蝶只今来海舶，神鸦终古拂灵旗。

圣朝重译争修贡，呵护传闻事更奇。

这首《天后宫》诗，描写了在妈祖的保佑下，传说中的风神十八姨没有发作，使漕船安全到达天津后，船员们纷纷向天后献纳贡品的情形。

4. 妈祖诞辰期间迎神赛会的诗篇。

妈祖诞辰期间的纪念活动迎神赛会，即皇会，是当时天津最大的岁时盛会。关于皇会的起源，史无定说。《天津政俗沿革记》载："相传前代圣祖（康熙皇帝）、高宗（乾隆皇帝）南巡，尝驻跸天津。乡人演作戏剧，用备临览。或作神仙故事，或作乡俗形象。有以童子数十人，各持小铜钵，舞跳之始，伏地排'天下太平'四字，颇近古人舞法。恐回銮后再逢驻跸，各戏技艺生疏，因于每年天后诞辰赛会之期，一演试之，此'皇会'之所由来也。"这些话，虽然有一定的道理，但不准确。据研究，皇会出现于 18 世纪 40—50 年代乾隆初年以后，而且每逢天后诞辰，必有此盛会。

天后诞辰的祀典活动多集中于明清时期发展为市中心的东门外天后宫。《津门杂记》说："天津系濒海之区，崇奉天后较他处尤虔。东门外有庙宇一座，金碧辉煌，楼台掩映，即天后宫，俗称娘娘宫。庙前一带，即以宫南、宫北呼之。向例此庙于十五日启门，善男信女络绎而来。神诞之前，每日赛会，光怪陆离，百戏云集，谓之皇会。香船之赴庙烧香者，不远数百里而来。由御河起，沿至北河、海河，帆樯林立，如芥菜园、湾子、茶店口、院门口、三岔河口，所有可以泊船之处，几于无隙可寻。河面黄旗飞舞空中，俱写'天后进香'字样。红颜白鬓，迷漫于途。数日之内，庙旁各店铺所卖货物，亦利市三倍"。这条记载，充分说明妈祖文化对天津和附近群众的深厚影响，以及对天津城市经济的拉动作用。

下面介绍的第一首有关皇会的诗篇是清代于豹文的长诗《天后会四十韵》：

> 神光缥缈隔沧瀛，士女欢娱解送迎。雾隐七闽潮上下，云开三岛画分明。
> 翔鹍低映蛟宫水，绣悦遥连赤嵌城。万古郊禖同享祀，一时向若共飞声。
> 澄鲜惠逮鲛人伏，祝颂便联珠户倾。寿域枝交桃捧日，华筵香满巷吹饧。
> 东皇乍启催鸾辂，少女微飘展翠旌。戏衍鱼龙谁后至，曲传铙吹竟先鸣。
> 承蜩技妙胸频按，走索身轻体半程。盘运竿头形的的，莲生足下态盈盈。
> 妆偷龋齿姿偏丽，锷闪纯钩目尽瞠。前导庄严七宝聚，中权烂漫五花擎。
> 云梯月殿空漾合，鬼斧神工指顾成。岂是楼台重晚照，但凭般翟逞心精。

大千眷属参差见，小有因缘次弟萦。高出层霄邻窈窕，响河流水助铿訇。

冶游试就黄金勒，仙子谪来白玉京。选妓临风多嫭媶，修罗扬盾太狰狞。

广眉压额龙头困，巨臂连尻豕腹亨。幻忆鹅笼闻魄格，变惊鬼国认花黥。

锦栏凤尾纷前后，芝盖云旗俨纵横。鹤氅翩翩裹玉筋，琼浆馥馥泻金茎。

崆峒驻跸钩陈列，紫府回车彩仗轻。信有天吴森羽卫，无劳巴女荐湘蘅。

佐觞细拊成君磬，尚食微调子晋笙。焰吐龙衔星照户，翠腾麟脯露垂罂。

元宵兴剧由来谚，祓禊欢浓此日并。赠芍那愁波共远，溅裙差喜雨初晴。

蹒跚步自依豚栅，闹扫妆宜对豆棚。踏遍香尘应有迹，乞残新火倍多情。

采桑筐窦遗春蚕，叱犊鞭停罢晓耕。桃叶渡边呼画舫，枣花帘外顿华缨。

偕行翼趁双飞燕，辨色喉怜百啭莺。几处楼头窥盼盼，何人陌上唤卿卿。

赵家姊艳文鸳竞，杨氏姨骄绣队呈。柳析一旗倾桂酿，药栏三爵罄侯鲭。

拥来车戏神恒脑，望去金支意转诚。厕晶光摇浮影鹬，婆娑影动偃长鲸。

春回慈御千塍润，风避皇威万国请。测海定当球共至，更将歌舞答升平。

　　于豹文，字虹亭，号南冈，天津人。清乾隆十七年（1752 年）进士。他身短貌陋，但天资聪敏，博古通今，史称"得书一览，终身不忘"。著有《南冈诗草》16 卷。《天后会四十韵》是他的一首力作，描述了天后诞辰全城上下热闹的祭祀状况：观者大半凌晨而起，倾城出观，或夫妇同游，虽大户亦不能禁；天后乘辇，仪仗森严，制同王者；届时民间百戏杂陈，游人叠肩踏臂，杂以乡中妇女，外至者，旅舍不能容，须夜宿舟中，以醉饱为乐。其实，万民同乐不是目的，正如诗人所说，"翔鲲低映蛟宫水，绣帨遥连赤嵌城"，妈祖文化的到来，把南北沿海各地紧密地联系在一起了。

　　第二首是沈峻的《津门迎神歌》：

鸣钲考鼓建旗纛，寻橦掷盖或交扑。鱼龙曼衍百戏陈，更奏开元大酺曲。

笙箫筝曲弦琵琶，靡音杂沓听者哗。老幼负贩竞驰逐，忙煞津门十万家。

向夕灯会如匹练，烛天照地目为眩。香烟结处拥福神，仪从缤纷围雉扇。

白昼出巡夜进宫，献花齐跪欢儿童。慈容愉悦默不语，譬彼造化忘神功。

别有香船泊河浒，携男挈女求圣母。焚楮那惜典钗环，愿赐平安保童坚。

我闻圣母莫海疆，载在祀典铭旗常。初封天妃嗣称后，自明迄今恒降康。

津门近海鱼盐利，商舶粮艘应时至。维神拯济免论胥，策勋不朽宜正位。

在昔缇萦与曹娥，皆因救父死靡他。虽云纯孝泽未远，孰若仁爱照山河。

复有静波称小圣，立庙瀛堧裡祀敬。未闻报赛举国狂，始信欢虞关性命。

伊余扶拉随奔波，欢喜爱作迎神歌。康衢击壤知帝力，阊里犹记乡人傩。

沈峻，字丹雅，号存圃，天津人。清乾隆三十九年（1774 年）副榜贡生。考取八旗官学教习，乾隆五十一年（1786 年）授广东吴川知县。时有武弁邀功，捕海滨百姓黄金印等 17 人诬为洋盗，沈峻为其洗白冤屈。乾隆五十六年（1791 年），因失察私盐而罢官，次年遣戍新疆。清嘉庆二年（1797 年）得释，归乡授徒。精书法，善做诗。著有《年谱》《资镜录》《存圃文钞》《欣遇斋诗集》《问石山房墨刻》等。他所作的《津门迎神歌》，描写了天津百姓的妈祖崇拜和天津渔业、盐业、商业以及漕运的盛况。

散文是文学作品的一种，一般指诗歌、小说、戏剧以外的散体文章，有时也指表现作者情思的叙事或抒情文章。本文作者梦天，生平不详。他于1928年初游览天津天后宫后，有感而发，写了这篇题为《娘娘宫》的散文。文中描写了天后宫的来历以及群众祭祀等盛况。该文刊登在1928年2月15日出版的《北洋画报》上。

娘娘宫

梦天

我国沿海一带，有神祠焉，曰天后宫。庙貌庄严，奉祀极虔，盖女神而著灵翼者，航海近水之民，凤极敬畏，历朝追加封号至四百余字之多，较西太后多至十倍，诚绝无仅有之荣衔也。神为莆田王（应为林）氏女，或谓为"狸猫换太子"中寇承御，则臆说矣。津门天后宫向为仕女观听所系，每值朔望，祷者云集，尤以岁首甚，于是宫南宫北，阛阓栉比，商业因以鼎盛，于此可以见宗教于理上关系为极深切，而津门神权之重，亦可窥见。新岁人日，笔公伉俪相约往游，与赵宝成先生同车皆往，是日天气颇冷，进香者尚不甚多，入门有探海夜叉塑像，举手作军礼，亦他处所无。而敝本家王灵官反在山门之下，仿佛一个副官长，则娘娘之尊严可知矣。走上殿去，则娘娘之正大仙容俨然在上，焚香膜拜者，拥挤不开，知中国坤维之教，却乎其超过世界各国之上。同时此庙正门及殿上，贴有"男子不得出入此门"及"此处不准男子逗留"之黄纸布告，不禁使吾济浊竦然自失。因各叩一签，惟予签至不祥。两殿旁有"傻哥哥"像，荷一担，有司香者在侧，频频以烧香为请，而应者殊寥寥。闻张仙阁上，尚有一傻大爷像，甚矣傻之近于仙也。自问虽无仙骨，雅有傻气，或者亦足贵乎。院中卖小儿玩具者颇多，且有首饰楼照相馆，而卖五彩印画及纸花蜡果者尤多，饶有乡土风味。因就院中摄一影以志其实。忆曹锐为省长时，娘娘宫举行皇会，费十余万金，蔚为巨观，则信乎踵事增华劳民伤财之举矣。

1. 清代国画《潞河督运图》

国画是中国画的简称，主要指用毛笔蘸水墨、颜料作画于绢或宣纸上，并加以装裱的卷轴画。题材可分人物、山水、花鸟等。

《潞河督运图》绘制于清朝乾隆年间，为绢本设色。督运，是指官员在河道中督察繁忙的漕运情况。画卷徐徐展开，只见狭长的漕运河道首先映入眼帘：河道上漕船穿梭，河道两岸桃红柳绿，田园、农舍、店铺、寺庙等，错落有致。随处可见的商贾、官吏、船工，一派繁忙景象。整幅画卷竟然长达 6.8 米，内容洋洋洒洒。画卷的引首篆题"潞河督运图"。

潞河又称"北运河"，是以北京通州北关闸为起点，至天津市三岔河口；然后，经海河干流，到大沽入海。潞河，是中国元、明、清三朝，海漕、河漕之漕运大通道。

从画面上看，天津三岔河口一带漕运繁忙，各种船只有的扬帆离岸，有的落帆停泊码头，还有拉纤的、卸货的、推小车的，清晰可辨。这是一幅记录清朝乾隆年间漕运、商贸及民俗盛况的画作，是一幅反映漕运的艺术杰作。画卷绘有各种大小船只 64 条，身份不同、形态各异的各种人物820 人。

民国年间，中国著名建筑学家朱启钤先生，在《潞河督运图》的卷尾处题跋曰："《潞河督运图》，意味尤近乎张择端《清明上河图》之作，允为国家重宝。"

此画作者江萱，清代画家，浙江人。其《潞河督运图》的创作缘由是：乾隆年间，任通州坐粮厅的冯应榴（浙江人）忠于职守，经常在潞河巡察漕运。他见到盛况空前，便萌发了记录在案的念头。于是，冯应榴请来了自己的同乡好友、画家江萱来潞河考察。

相传，江萱应邀来后，但见潞河漕船扬帆，首尾相连，两岸衙门、商号、钱庄、寺庙、商会、官仓等，错落有致，商业繁华，人头攒动。他信步岸上，品尝了闻名的大顺斋糖火烧和小楼烧鲇鱼，感觉真是人间美味。江萱感慨之余，以其潞河见闻，彩绘了一幅工笔长卷画轴，真实记录下潞河特别是天津三岔河口一带等漕粮运输、商贸交易以及民俗生活的景象。

画作现收藏于中国国家博物馆。

2. 杨柳青年画

天津杨柳青年画历史悠久，发端于明永乐年间。明万历年间，杨柳青年画发生重大变革，出现了套色木刻，多种颜色套印，加以简单涂色。此时是其雏形期。

清朝中期，是杨柳青年画兴盛期，技法臻于成熟。一批妇女走进年画艺界，农闲时她们从事年画的加工、描绘；在年画人物上有了"开相""染脸"等技法；成立了年画作坊，创立了字号，如"戴廉增画店"等。年画生产地域扩展到镇外 36 个村庄，形成了"家家能点染，户户善丹青"的盛况。在杨柳青年画的全盛时，年画作坊达到 100 多家；并有十几家是较大作坊，每家有 500 多个画案、200 多名工人，每年每家能生产年画 2000 多件（每件年画 500 张）；全镇年画从业人员达 3000 多人；年画品种，诸如历史典故、神话故事、娃娃戏出等，约有 3000 多种，占领了京华市场，并成为"金贡笺"之贡品。晚清以后，杨柳青年画走向衰落。新中国成立后，重振当年的雄风。杨柳青年画艺术精湛，题材广泛，生动感人，被誉为"中国四大年画"（杨柳青年画、山东潍坊年画、苏州桃花坞年画、四川绵竹年画）之首，闻名遐迩。

杨柳青年画《童子仕女图》

《漕船转卫》图（局部）

《漕船转卫》（清代）

木版插图画《漕船转卫》，反映了清代河漕运，经天津三岔口转驳进京的情况。原载《畿辅通志》。

《刘提督克复水战得胜全图》（清代）

刘提督，即"黑旗军"领袖刘永福。清同治十二年（1873年），法国侵略越南河内，刘永福率领黑旗军与越南民众并肩抗战，大败侵略者。史称"纸桥之战"。这幅杨柳青画，描绘了刘永福率"黑旗军"在北宁（越南河内东北）大败法国侵略军的情景。

3. 天津版画

天津版画丰富多彩，主要有宁河与塘沽、汉沽版画等。宁河县版画历史悠久，明末清初时，印刷水平已有了较高发展。版画继承了平水等坊刻传统，作品质朴、粗犷，题材广泛，画铺甚多，最有名是"顺德成"等。宁河版画全盛期在清乾隆年间。由于三地均濒临渤海，版画中的海洋内容是其主要题材之一。不论是重大体裁，还是海港繁貌；不论是渔民生活，还是工人劳作，都带着浓厚的、鲜明的"海味"。

大沽口血战

版画《大沽口血战》表现了清代大沽军民奋勇抗敌，血战大沽炮台的历史故事。大沽炮台位于塘沽海河入海口处，它是清王朝花费重金打造的海上国门。从鸦片战争开始，西方列强一次又一次地攻陷大沽炮台，并侵占天津、北京，把中国沦为半殖民地半封建社会。

1. 民歌

民歌是指在广大群众中口头传唱的诗歌，有时也泛指歌谣，内容多半是反映普通群众的生活和感情，曲调优美、单纯，寓意朴素清新，音调铿锵有力。这里介绍一首流行于清代的《捕鱼辞》：

清晨抢网出何干，网罢回舟夕照残。

几度凄凄风又雨，四围烟水一身寒。

儿童幼小即艰辛，半分鱼虾亦救贫。

顾复甫离慈母手，茫茫白浪做渔人。

格外凄凉不忍着，冬初时节及春残。

满流雪气身徐下，一寸深来一寸寒。

银鱼肥白是冬天，凿破层冰出水鲜。

寄语衔杯应细嚼，许多辛苦到尊前。

2. 民间歌舞表演

民间歌舞表演是长期流传于民间的载歌载舞的一种表演形式，虽有一定的程式和规范，但演出时往往别具一格。在濒海地区最为常见的、是流行于清代的"渔家乐"。

这是北塘一带一种以街头、广场为舞台的民间歌舞表演。有人物、有情节，以歌唱春、夏、秋、冬为内容。人物有老渔翁、王子各一人，童女、童男各四人，边走边唱。每年出会，"渔家乐"率先出动。晚上演员们踩在便装演员肩上表演，叫做"节节高"。

民间传说是广大群众口头创作的文学作品，世代口口相传，内容丰富多彩。这里仅介绍《海门》的故事。

海门，指大沽口。明朝时期的大沽口宽 150 丈，两岸是悬崖峭壁，对峙如门，故称"海门"。

海门地势险峻，为京津屏障，是明清时期武备要冲，也是历代文人墨客观海探胜等地方。明代诗人李东阳、汪必东等，乃至长于诗书的康熙和乾隆皇帝，都曾到此览胜凭吊，留下了不少脍炙人口的诗文，如《海门夜月》《观海赋》等。《海门》的传说如下：

传说中的海门，能通大海龙宫。

早先，大沽有个姓王的种菜把式，种出的黄瓜又大又甜，人称"黄瓜王"。这一年，黄瓜王种的一亩黄瓜长得特别好。其中一根最大的黄瓜，竟有 3 尺长，圆圆乎乎像头小肥猪。一天，黄瓜王的瓜地里来了 8 个人，打头的是个瘸老头，还有一位俊俏的姑娘。瘸老头要买最大的那根黄瓜解渴。黄瓜王连连摆手说："这根黄瓜是打种用的。"

姑娘上前告诉黄瓜王："瓜里藏着一把能开大沽口海门的金钥匙，你用它打开海门，可以到龙宫，各种瓜果菜粮的好种子任你选。"黄瓜王半信半疑地切开留种的大黄瓜，瓜里果真有把金光闪闪的钥匙。这 8 个人一边吃，一边抿嘴笑。其实，这 8 个人就是八仙。黄瓜王望着钥匙出神的时候，八仙已无影无踪。

黄瓜王拿着钥匙来到大沽口，宽宽的海水面分开了，露出一座宫殿大门。黄瓜王用钥匙打开大门，走进宫殿，各种五光十色的金银财宝堆满宫殿。黄瓜王什么财宝都不要，只捡了两粒菜种子出来了。他上了岸，回头再看大沽口，却已是又宽又急的海水，宫殿的门也不见了。

传说天津著名的绿麻叶大白菜和西沽的大蜜桃，就是黄瓜王从龙宫拿出的两粒种子繁衍的。

渔家号子

号子，也叫劳动号子，是民歌的一种，是劳作者在集体劳动时所唱的歌。节奏整齐，曲调高亢，多为一人领唱，众人应和，场面十分火爆。

所谓"渔家号子"，就是适应渔民劳动场合、干活强度及松弛度而油然发出的声音。没有固定的词曲，属于现编、现哼，有节奏感地大声吆喝；也有随场景所附和出的悠扬声；还有铿锵有力的短、急、快的重喝声。在不同的劳动场合，哼唱出不同声音。比如，行驶在附近的渔船，能通过号子节奏和歌词，知道附近有人撒网，调整好自家船，与撒网船保持适当距离。老渔民说："号子一哼，万烦皆空。"这些劳动号子，尽管是渔民们随心所欲编、哼的，但是有思想，诙谐幽默；甚至插荤打趣，具有生活情趣；还能使哼唱的声音，起到协调劳作节奏、凝聚人力的作用；并是一种宣泄情感，释放生活压力，增强生活信心，振奋劳动精神而又表现渔家人智慧的表演。

过去打网一般都是两船共同作业，一根粗绳连着两条船，拉一片大网。船到渔场后，大家团结一致，相互照应。撒网时齐声喊"一眼一个喽（意为一个网眼一条鱼）""这一网就撂在块上喽"。开始收网时，拽粗大的网绳，首先由领号人拉长调子大声哼唱，大家随声吆喝："船到鱼起喽""一网两船啰"。言词诙谐、实在，提升气氛，让大家脸带笑容，情绪饱满，充分展现出打鱼人的喜悦心情。把绳子拉上来以后，开始"捯网"时，号子的节奏又有了变化。当看到网里的鱼时，需要尽快地把渔网收紧。有人在船边网口处，用工具打击水面，让鱼儿向网中逃窜，号子的节奏跟着加紧。起网时，边起网边唱："金山似的起来喽（捕黄花鱼时）""银山似的起来喽（捕鲅鱼时）"。收船时，船头插旗，插单旗时表示产量过千斤，插双旗时表示产量过万斤。

此外，还有拉船号子，是在把渔船拉下水或将船拉上岸时哼起的号子；帆蓬号子，是渔民们在扬帆时哼唱的号子，根据风向航船，驾正（船老大）用哼唱号子的方式，指挥打篷帆或调整方向；搬吊船号子，是在修船时哼唱的号子，尤其刮船底需要把船侧立起来。在过去修船的季节，常会听到渔家汉子们唱起的那粗犷豪放的搬吊船的号子。渔家号子伴随着渔区人民的生产生活，是一种独具风格的"海洋歌曲"。

谚语是熟语的一种，是群众中广泛流传的现成语句。它们多半是劳动群众长时期从事生产和生活的经验总结，可以使用简单、通俗的语句，表达出深刻的道理。比如天津沿海地区的气象，与渔业生产密切相关。天津渔民在长期的劳动生产中，通过对气象等观察、研究、总结，编出很多谚语、歌谣，并代代相传，很有实用价值。

歌谣是民间文学中的韵文作品，包括民歌、民谣、儿歌、童谣，等等，可以看成是群众口头流传的诗歌创作形式。其中，能唱的，一般叫做民歌；不能唱的，一般叫做民谣。

1. 谚语

日落风不煞，必定要大刮。

东风续两天，阴雨连绵绵。东风转西北，刮得不见鬼。

北风上了东，越刮越稀松。夏怕南风，秋怕东北。

夜晚东风掀，转日是好天。老云接驾，不阴就下。

云吃火没处躲，火吃云晒死人。上午云冒高，下午雷雨到。

云往东，一阵风；云往西，雨凄凄；云往北，发大水；云往南，好行船。

今天火烧云，明天晒死人。乌云有雨，黄云有风。

云头打闪不害怕，云底打雷雨要大。早看东南阴，晚看西北阴，预兆有雨雪。

日晕三更雨，月晕午时风。久雨闻鸟声，不久天转晴。

早晨喜鹊到，天气定晴好。蛤蟆哇哇叫，大雨就来到。

河里鱼打花，天上有雨下。今晚蚊子恶，明天有雨落。

盐罐返潮，大雨难逃。炊烟直上，晴天连晴天。

2. 歌谣

"十八家"：

蔡家堡，十八家，喝咸水、吃糠菜，生下孩子没头发。

男人出海为谋生，披星戴月伴风浪，渔霸海匪逼破家。

女人烧香望夫归，织网补网熬灯油，忍手肿痛择鱼虾。

注：捕捞来的鱼、虾、蟹混掺一起，需要分类择出。虾用额剑、蟹用爪子、鱼用鳍刺护卫自己。渔民择鱼、虾、蟹时，常被扎得手肿，非常疼痛。

妈祖信仰

渔俗

盐俗

其他民间信仰

第六章
民俗信仰

　　作为渤海明珠的天津，既是中国的海防要地和出海口；又是历史上漕粮的重要转运通道。天津城市发展的开放性，社会变革诱发的突变性，以及经济活动衍生的多样性和特殊性，又决定了天津海洋民俗和民间信仰，既丰富多彩，又独具特色。

　　秦汉时期，今天的天津沿海地区属渤海郡的章武，祭祀的"司海之神"为"大家姑祠，俗云海神，或云麻姑神"。到了元代，妈祖信仰传入直沽。由于历代王朝的提倡，妈祖成为天津民间信仰的主要祭祀神祇，道教信仰中的其他女神，则成为妈祖的附祀。因此，妈祖信仰对天津的许多方面都有重要影响。

　　由于中国的民间信仰是多元化的，所以在天津沿海地区，除了妈祖信仰，还有渔民、盐工和方方面面的民间崇拜与信仰，至今犹然。

2015年2月11日，天津天后宫举办春祭大典（CFP供图）

妈
祖
信
仰

1. 海神妈祖

妈祖实有其人，她是福建莆田湄洲湾贤良港一名渔家女，原名叫林默。林默傍海而生，在大海的哺育下成长。自幼"资慧颖悟"，豪气勇敢，乐善好施，精于航海。可以说，她的生，是为救海难而生——16 岁便可"飞渡大海""多于水上救人"；她的死，是因救海难而死——27 岁那年，她在救人时不幸被台风刮走，或者说在湄洲岛湄洲峰"升天"。据《日下旧闻考》载："宋徽宗宣和年间，路允迪使高丽，八舟溺其七，见（天）妃朱衣坐桅上，舟藉以安。归闻于朝，赐祠额名顺济。"这里说的宋徽宗敕封其为顺济夫人，此事当在北宋宣和五年（1123 年）。此后，历代皇帝不断对妈祖晋封，先后共封了 40 多次。元至元十八年（1281 年），妈祖被晋封为"天妃"；到清康熙年，封为天后；清乾隆年，封为"天后圣母"；清嘉庆年，封为"天上圣母"，得到最高的封号，妈祖由人变化为神。

起初，妈祖是"司海之神"。凡是有大海航行的地方，一般都建妈祖庙。人们在出海之前，要进行祭奠，以求保护航海的安全。在海上灯塔出现之前，妈祖就是航海人们心目中的灯塔。妈祖文化，成为海运者渡过茫茫大海的神祇信仰和精神支柱。

妈祖文化的主要特色是民俗性。它植根于草根文化沃土之上，活跃在百姓的日常生产、生活之中，反映人民的强烈意愿，适应时代发展要求。妈祖文化是民间信仰，妈祖独特的人格魅力，是凝聚人心的精神之魂。

妈祖文化的官祭高潮出现明代。郑和七下西洋，既要渡过大海，又要远渡大洋，风浪滔天，路途浩渺。要保证航海的安全，除了大型船队、高超的航海技术外，要有妈祖文化的凝聚力和巨大的精神支持。因此，每次下西洋之前，郑和及其船队都要在刘家港天妃宫或福建长乐天妃宫虔诚祭祀天妃。如明永乐三年（1405 年）7 月 11 日，在刘家港"天下第一港"，郑和船队的 208 艘船只，自然排列成雁形。郑和乘坐的长约

44丈4尺、宽约18丈的宝船居中，200余艘船只紧紧围绕四周。庞大船队配备的人员多达27 000人，有官兵、船夫、各级官员，并有从事贸易的商贾、随郑和而去的藩王、使节和随员等。他们都毕恭毕敬地在天妃宫妈祖神像前焚香祷告，祈求妈祖保佑远航安然。然后，郑和船队浩浩荡荡驶向浩瀚的大海。

从此，妈祖这个民间崇拜的神祇，变为亦官亦民的神祇。

2. 海漕舶来的妈祖文化

元至元十九年（1282年），开始通过海漕运输漕粮北上。东南的漕粮起运前，要集中在江苏太仓的刘家港。当时，刘家港既是海漕港口，又是河漕港口。

海漕运量大，危险也大。海运需要护航神，妈祖文化便通过东南漕粮向刘家港集运之时，由莆田传到刘家港。元至元二十九年（1292年），由万户朱旭在刘家港建天妃灵慈宫，成为刘家港海漕的保护神。明崇祯年间，张采纂《太仓州志》卷九"海运"载：海道接官厅，"在灵慈宫山门左，额曰'景福'，元至元二十九年万户朱旭建"。

官吏、漕臣在行漕之前，都要在刘家港的天妃灵慈宫祭拜卜吉于天妃，以求海运安全。《日下旧闻考》对此有着明确的记载："世祖定都于燕，荷四方万国之众仰食于燕。以中吴，水所聚也，故建漕府，万艘如云，毕集海滨之刘家港。于是省臣漕臣，斋戒卜吉于天妃灵慈宫，卜既协吉，乃率其属鸣金鼓以统漕，建纛置牙，莫敢后先。"

海漕是双向运输，漕船从江南运来了漕粮和必需品，又从直沽运走了北方一带的杂货。因此，漕船从直沽回船时，一样有危险，需要祭拜天妃，以求保护。正如元代黄镇成《直沽客行》诗中道："直沽客，作客江南又江北。自从兵甲满中原，道路艰难来不得。今年却趁直沽船，黑洋大海波连天。顺风半月到闽海，只与七州通买卖。呜呼江南江北不可通，只有海船来海中。海中多风少贼徒，未知明年来得无？"

于是，妈祖文化通过海漕，从刘家港传到海漕终点港大直沽（即直沽）。在刘家港建立天妃灵慈宫的同一年，在大直沽建立了天妃灵慈宫。元代危素撰《河东大直沽天妃宫旧碑》，还讲了一个妈祖救海漕危难的故事："会覃怀逯公鲁曾以海道万户督运行海中，所乘舟触山石几被覆，乃巫踔呼天妃，俄火发桅杆，若揆其柁，遂得免；请于朝，加神封号。"

大直沽的三岔河口是漕粮向京都的转运枢纽，所以，在大直沽建天妃宫30多年后，即元泰定三年（1326年），在三岔河口建立天妃宫。随后，又先后在津沽建立20多座天妃宫。

计东门外、陈家沟、丁字沽、咸水沽、贺家口、葛沽、泥沽、东沽、前辛庄、后尖山、秦家庄、城西马庄、河东唐家口、芦北口、城西如意庵（天后行宫）、大直沽，塘沽北塘、新河、大沽、邓善沽，宝坻、芦台、静海城西门内等。

天津的妈祖建筑中，较著名的是东门外天后宫和大直沽天妃灵慈宫。这两座天后宫都建于元代，在中国的天后宫中列前位。

3. 从"出会"到"皇会"

妈祖文化传到直沽后，成为天津文化的一个原点。历经千年风雨，妈祖在天津成为主祀的海神，民间信仰中的其他诸多神祇，如眼光娘娘、耳光娘娘、斑疹（天花）娘娘、千子娘娘、子孙娘娘、引母娘娘、乳母娘娘、百子娘娘、王三奶奶等，成为附祀。俗话说：摸摸王三奶奶的手，百病都没有；摸摸王三奶奶的脚，百病都能消。在北方特大城市天津，妈祖文化既是历史的，又是时代的；既是优秀的，又是活态的。在天津，妈祖文化开始多元化了。

妈祖文化的多元性，使其民俗性更为凸显。天津妈祖庙，在元代由和尚住持；明代以后由道士住持，一直延续了500多年，共有道士100多人。佛教和道教，是中国的两大宗教，拥有众多信众。有意思的是，天津人在进妈祖庙祭拜时，既不是敬拜佛教，更不是敬祭道教，而崇敬的是妈祖。妈祖不是宗教，她是一个普通的渔家女。最后虽然被封为"天后"，由民女变为神女，但是妈祖从本原上依然是民女，来自凡人、普通人，以最朴素的形式传播妈祖文化，传承最优秀的中华美德。

妈祖信仰的群众化，促使妈祖文化进一步扩大化、常态化。在天津天后宫正殿内，曾经放有"奉纳船"。传说一个广州的古董商人，携带古玩珍宝，乘船过海，在黑水洋遇到风暴，便呼喊娘娘而得救。他在直沽天后宫还愿时，奉献了木船，表示将满船珍宝献给娘娘，被称为"替身船"。此后，其他商贾便效仿之。妈祖文化是经商的人们祈求安全之所想，是有苦有难的人们免灾求福的精神寄托。妈祖文化的商民信仰，使其不断升温。

妈祖文化信仰的活动高潮，出现在娘娘生日的花会中。每年农历三月二十三日，娘娘诞辰时，要举行丰富多彩的祝寿庆贺活动。出会时从天后宫依次而行，沿街表演，热闹非凡。清乾隆年间，乾隆下江南经过三岔河口，看到娘娘会大加盛赞，御赐四名鼓手每人一件"黄马褂"，四位演唱鹤童"金项圈"各一个，并有"龙旗"两面。从此，"娘娘会"晋

民国时期的天后宫

升为"皇会"。每到会期，送驾、接驾、巡香散福，礼仪至高，规模宏大；活动日多，人员广众，久盛不衰，胜过西方的狂欢节。清光绪十年《津门杂记》载："天津系濒海之区，崇奉天后，较他处尤虔。"

历史上的行会路线，虽然多有变更，但是"送驾"的路线基本上都要走东门、鼓楼东大街、鼓楼。如《天津皇会考纪》记载了清末农历三月十六日的送驾路线：天后宫→宫南大街→袜子胡同→东门→鼓楼东大街→鼓楼→鼓楼西大街→西门→如意庵。

历史上的娘娘"娘家"，有多次变化。开始先到闽粤会馆"回娘家"。闽粤会馆，成立于清乾隆四年（1739年），是天津第一个会馆，为从福建、潮州、广州来津的"三帮同乡"

之服务场所，位于今天津市西北角第二中心医院址。后来，因闽粤会馆地势狭小，改在如意庵驻跸。如意庵在西北角。清光绪年间，如意庵被焚，又改在千福寺驻跸。千福寺，在民间亦称"千佛寺"，原系清光绪末年建的云霞观。清末民初，千佛寺在"废庙兴学"中，改名"千福寺"，地址在永丰屯，今红桥区南头窑一带。1930年《益世报》报道："因为前清奉旨开皇会的黄报，曾经在上海张贴，所以南方也有人专程赶这次三月的庙会。而且不但中国人信她，日本人信得尤其厉害。"

妈祖文化还带来了天津最早的庙会。天后宫昔日的庙会主要有三：正月、三月、八月，三次各有不同特点。

正月庙会，起自腊月，一直延续到正月十五，前后长达一个月光景，持续时间最长（元代正月庙市半月，时间延长是后来的发展）。参加者主要是本地居民。举办正月庙会时，天后宫的道士依照惯例，在正月初一的上午，在宫内要上表进香，唪经做法事，名曰"祝福"。正月十五，高跷会在宫前广场表演，将正月庙会推向高潮。正月庙会与中国的传统节日春节交融在一起，香客除了烧香，还要采购年货，因此格外火爆、热闹，最具天津地方民俗特色。月余后，庙会在浓浓的乡情乡俗中落下帷幕。

三月庙会，是以酬神活动为名目所展开的大型经贸活动。皇会是其主要活动形式，是整个活动的重头戏。三月庙会往往对本埠以外的地区影响极大。参加者由本地居民和外地来客两部分构成，持续时间一般为五天。三月庙会的酬神活动，于三月二十三日上午在天后宫内举行，不出庙门。

八月庙会，时间短，仅八月十五一天，波及面小，多以本地居民为主。

旧时天后宫的庙会，不仅是天津的传统民俗盛大节日，而且是百货云集的市场。它对天津城市经济的崛起、兴盛、发展与壮大，有深远影响。

4. 妈祖文化的巨大影响

妈祖文化带来了人群的聚集，而人流、物流又促使了商贸、银钱业繁荣，进而促进了天津各方面发展。

促使商贸繁荣　大直沽与宫南、宫北街，是天津早期的自然"市集"和商业中心。明弘治六年（1493年），宫南、宫北正式成为法定两集，每月农历初一、十一、二十一照例行集，使这里原来的自然集市更规范化，更扩大化了。店铺林立，形成了天津最繁华的商业区和商业街。集市上米粮百货、鱼盐酱菜，一应俱全；肉市、鱼市、牲口市，茶市、布市、洋货市等，应有尽有；老字号谦祥益、瑞蚨祥、元隆号、同升和、正兴德、耳朵眼等，先后在这一带开张迎客。宫南、宫北街的商贸火爆，从妈祖的寿诞活动期间延续到平常的日子。每逢春节，这里更反映了老天津卫的繁华。据《天津商会档案》记载，清宣统二年（1910年），宫南、宫北街有铺商200余户。商铺之外，还有"地摊"。年货市场的地摊，多到没有空地，老地摊主不得不把"年年在此"的纸条贴满大街的墙壁，以防他人抢占地盘。由于这里"商业发达，且地势宽敞，又为津市适中之地"，促使天津商会成立不久，便在此举办了天津第一次商业劝工会，开创了天津商品博览会先河。清光绪三十二年十二月十四日（1907年1月27日），天津商会还为此发了呈文，提出每年三月、腊月，照例在天后宫开办商品博览会，"准由各工商一切精美物件及新奇名品均准陈列到其中，任人游览，彼此互相交易"，成为天津"商市之一大观"。

促进钱街形成　据《天津通志·金融志》记载：天津的钱业产生于明永乐年间，天津最早的钱局设立于清乾隆四十年（1775年）。当时的钱局，多集中在估衣街和宫南、宫北街一带。宫南、宫北街"故有钱街之称"。由于金融业的发达，天津第一个钱业行业组织——钱号公所，于清咸丰年间在天后宫财神殿后院成立。据《天后宫写真》介绍：它自建房三间，另建厨房，重修了财神殿殿宇，并把自己的金字牌匾悬挂在财神殿。钱号公所的建立，进一步促进了天津金融业的发展，特别是天后宫附近，更是"近水楼台先得月"。清光绪二十四年（1898年）出版的《天津纪略》记载：当时天津钱庄共有76家，其中宫南、宫北街就有14家，紧挨这里的袜子胡同有3家；整银炉的化碎银房，共有14家，其中宫南、宫北街有4家；其近邻袜子胡同、福神街和大狮子胡同有4家。足见天后宫一带金融业之兴盛。金融业为经济发展输送了血液，金融业的繁荣，是促使城市进入近现代化的重要动力。

促进了教育发展　清末民初，天津掀起了"废庙兴学"的潮流。天后宫没有被动等"废"，有关人士主动去做善举，走上"存庙兴学"的路子。据《天津商会档案》记载：时为天后宫住持的刘希彭，经与有关人士商议，利用天后宫后楼南跨院的3间空房，创办了天津民立第一初等商业学堂。学堂于清光绪三十二年十一月二十九日（1907年1月13日）开学，并订立"简明章程"十二条，设置课程11门，汉文、洋文教员等5人，成为天津近代民办教育的发祥地之一。此后，该学堂改名"民立第一乙种商业学校"，进而扩建成有高小的完全小学；1942年又扩建为二层25间房，更名为"私立慈化小学"；新中国成立后，在慈化小学东侧又成立了国办天后宫小学。

支撑了天津建城　天后宫建立78年后，明永乐二年（1404年）天津设卫筑城，开启了天津城市发展新纪元。所以津人说："先有天后宫，后有天津城"。虽然，三岔河口天后宫（西庙）建立，比大直沽天妃灵慈宫（东庙）晚了30多年。但是，西庙的影响却远远大于东庙。因为"东庙素卑下，潮汐渐泾，栋（栋）宇摧坏"，这就是说，东庙规模较小，所处地势较低，潮汐经常来袭，摧毁庙宇。东庙建立后曾经毁于大火，清光绪二十六年（1900年）又被八国联军洗劫烧毁；五年后尽管重新建了大殿，但规模缩小；1951年又被废弃，改为它用。再看西庙，建立后的670年以来，尽管进行了数十次重修、重建，其主体建筑一直保存下来。所以，西庙的影响远远大于东庙。天津卫城之所以建在三岔河口，其中有许多原因，天后宫妈祖文化的影响便是其重要原因之一。明永乐二年（1404年），天津设卫建城后，天津政治、经济、军事、文化中心，由大直沽移向天津城厢一带，大直沽逐渐走向衰落。

对传统建筑有参照作用　天后宫是天津城区现存最老的古建筑，占地面积5352平方米、建筑面积1734平方米。包括戏楼、幡杆、山门、牌楼、前殿、正殿、藏经阁、启圣祠、钟鼓楼、配殿和张仙阁等，这是一个古朴、凝重的建筑群。它的建筑格局、结构、用料以及砖雕、彩绘等，都具有我国古代建筑的重要特征，对天津城市的传统建筑，起到了一定的参照意义。

据《天津县新志》记载：在老三岔河口北岸的香林苑，就是在康熙初年，由天后宫的道士李怡神及弟子王聪创建的；清乾隆五十三年（1788年），乾隆皇帝赐名"崇禧观"，并御书"崇禧观"额联、崇禧观碑。《重修天津府志》载：嘉庆年间又御书正殿额曰"高穹咫尺"，并御书正殿联。香林苑是皇家寺观的组成部分，清朝几代皇帝都曾在此行香，足见此观在天津的重要地位。清同治元年（1862年），清政府将望海楼及其西侧的崇禧观共15亩地租给法国，法国传教士将它们拆毁，于同治八年（1869年）修建了圣母得胜堂。

此外，妈祖文化还影响了天津社会生活许多方面，比如方言、习俗、戏曲、客栈、道德风范、人文特点等。如天津人热情、好客、和善、重德。特别是"德"字，普遍存在：民国《重修天后宫后牌楼记》中，有"功德与斯楼而俱在"；在皇会艺术中，有陈家沟"德善重阁"会；在津门老字号中，有"正兴德"茶庄、"德华馨"鞋店、"德和"木号、"祥德斋"糕点店；在地名中，有谦德庄、万德庄、德才里，等等。妈祖的美德，是中华民族的传统美德，是人类社会的基本道德。这种美德，与现代文化相适应、相协调，并以喜闻乐见的方式，为广大群众所接受。中华优秀美德，无所谓新旧，无所谓古今，属于不变的道德魅力，适用于古代社会，也普遍适用现代社会、未来社会。继承中华优良美德，并不因

2015年5月11日，天津为庆祝天后诞辰1055周年，在天后宫举办祭拜大典、天后出巡散福及踩街等活动（CFP供图）

时代变化而过时。妈祖文化中的诚信、友善、平安、和合、尚德等元素，是一种具有典型中国特色的思维方式，充分反映了中国特色、民族特性、时代特征的价值体系，是跨越时空、超越国度、富有永恒魅力、具有当代价值的精神财富。

渔俗

作为滨海明珠的天津，有滨海新区和宁河、津南等区县濒临渤海。沿海居民历史上大多为渔民，形成了不少独特的渔民风俗。

1. 民俗

造渔船　渔船是渔民的主要生产工具，排造新渔船是渔家的大事，是发展生产、生财致富的企望所在。因此，在动工的前一天，隆重异常，在造船场地周围插红挂彩，鞭炮齐鸣，锣鼓喧天。造船的技师和工匠们，首先要铺就船底，为未来新船命名。船名多以主家长辈在当场第一眼看到的事物、景态为名，即兴而定，此为俗；也有经过多方推敲，拟定船名的，此属雅。给船命名的这一天，定为新船的"生日"。以后每年这一天，都要为船举行"庆诞"活动。

拜船　渔民对渔船的感情最深，将出海捕鱼视为极其严肃的事情。以前，每年大年三十都要举行"拜船"活动，称为"跑火把"。后面作具体介绍。

大沽一带的拜船仪式稍有不同。方法是：在大年三十白天上船，将各处打扫干净，在船头、船尾、桅杆、船把等处，都贴上红联、红幅；船头贴对联多为"九曲三江水，一网两船鱼"，横批为"船头压浪"；船尾贴"舵后生风"；桅杆贴"大将军八面威风"等吉祥语。入夜，鸣锣上船，请"娘娘（天后）"回家过年。船上设供桌，摆上"渔旗"、香烛、供果，全家叩拜、祈祷。大年初一五更时刻，全家第一件事就是再次鸣锣拜祭，而后才回家给长辈、亲友拜年。春天第一次出海打鱼，则由长者主持，举行隆重的仪式。渔船上将出海的人们，在欢送人群的欢呼声中行网下海，并齐声高呼"满啦""满啦"！然后驾驶渔船向大海驰去。

供船模　俗称"奉纳船"。这是天津的渔民和船民的一种习俗，就是在新船下水将要起航时，一定要制作一个船模型，供于天后宫的大殿内，以求得天后时刻关怀此船，保护此船的安全。从前，在天后宫的大殿内挂满了各式各样的船模型。因为历代都有渔民和船民到天后宫大殿供船模，日久天长，就使天后宫大殿自然形成一个"船只博物馆"，为后世造船业的发展，提供了重要的实物资料。

祭海战英魂　清光绪二十年（1894年），日军大举侵占朝鲜。清政府应朝鲜王朝的请求出兵援助，驻防北塘海口的清军"仁字营"的1100名官兵，乘坐清政府租用的英国商船"高升"号，从北塘起航，渡海增援朝鲜。"高升"号行至朝鲜丰岛海面，被预先埋伏的日本军舰拦截。日本军舰逼近悬挂英国旗的"高升"号，强令船上的仁字营官兵投降，并威胁要开炮。仁字营官兵同仇敌忾，宁死不屈。敌舰向"高升"号发射一颗鱼雷，随后几艘日本军舰围住"高升"号开炮。英勇的仁字营官兵用步枪还击，终因寡不敌众，"高升"号被击中沉入大海，800多名官兵浮尸牙山海面。由此，引发了中日甲午战争。农历七月十五日，北塘军民公祭仁字营英烈，村中商铺关门，河边船家收港，北塘大河沿岸遍设香案。上万名村民与清军齐聚北塘东大营，那里是通永镇总兵府，祭堂就设在总兵府的礼仪厅。人们为英烈上香敬酒。由军民和英烈眷属组成的出殡队伍，簇拥着一艘巨大的"高升"号河灯模型，到北塘南营炮台河边祭奠英灵。河灯燃起，河岸边一片悲恸。

船户跑火把　从前，天津沿海北塘养船大户们，过年要悬灯结彩，院子中放着一口盛着桐油的大锅。除夕夜，驾掌（船长）、老客（随船商人）、拦头（水手长）、伙计（船工），身着新衣服，在养船大户家里汇集。接近子时时刻，按地位列队，出发到各庙中去烧香拜佛，前面打着写有堂号的大红灯笼和神旗，鸣锣开道，后面有人托放满香烛纸锞、点心水果的茶盘，庄重而威严。火把用上好的芦苇扎成，有三四丈长，五六寸粗。每条船两根，由两个身强力壮的伙计扛着，在船东家中的大锅蘸上桐油点燃。火把燃烧时间有限，但要途径多个地方，扛火把的人就要快跑。北塘有几百条大船，火把就近千根，大街小巷烈火熊熊，锣声咣咣不息，恰似条条火龙翻腾，蔚为壮观。全庄老少沿途观看，孩子们叫着跳着，争抢火把散落的芦苇，说这是"金条"。每当两队火把相会，为避免相撞，一方高高抛起火把，纵身翻越另一方；对方顺势也抛起火把，双双对跳，雄健的舞姿，博得一片喝彩。四溅的火星，难免烫人，但被烫的人认为可以烧掉晦气，满心欢喜。最后，要带着火把跑到河边自家的船前祭祀。到船旁时，由拜船人边跑边高喊："大将军（指大桅）八面威风""二将军（指二桅）开路先锋""船头压浪""舵后生风"等吉祥语。大家也边磕头，边喊吉祥口号，乞求神灵保佑来年丰收、平安。仪式直到火把燃尽为止。子夜时分，回到船东家吃年夜饭。余兴未尽的孩子们，也赶到船东家去"起驳"。所谓"起驳"，就是如果船打得鱼太多，一时装不下，就要请别的船先行运回部分。孩子们的到来，就意味着是"起驳"。船东们高兴得把糖果、点心分发孩子们，他们就大唱喜歌："一网打金，二网打银，三网打个聚宝盆。"

踩高跷抢虾皮　夏秋之交，渔民迎着大海的潮汐，在水头涨到约一米五左右时候，就去抢捞优质虾皮。由于天津滨海海滩属浆沙泥质地，要抢捞优质虾皮，需要把高跷用的杉木腿架加高，约粗 8 公分，长约 80 公分至 1.5 米，称为"二接腿"。渔民踩高跷，除了通常的内容，还要增加渔翁与虾兵蟹将、蚌精格斗等神话故事，配上激昂、快板旋律的民乐，淋漓尽致地表现渔家生活，深受渔民欢迎。

2. 网具

天津渔民捕鱼，有特殊的渔具。

粘网　是一种网眼儿很不明显的网片，鱼虾撞进网眼里，出进不得，"粘"在网上。这种网多在浅海使用。有的渔民在冬季不出海时，将此网架在野地里，捕捉飞禽野鸟。现已禁用。

血网　渔民将新织成的网或者使用一年后的旧渔网，泡在猪血中，然后将浸泡过的网放在大锅中蒸。这样，既能利用留在网上的血腥味多引诱鱼虾入网，又能使网经久耐用。血网出锅时，渔民认为是一件很庄重的事情，要敲锣打鼓，喊号子，唱撒网喜歌："顺风顺溜""一网金，二网银，三网打个聚宝盆，四网打个铜锣群，五网打个蚶螺满仓盛，六网虾蟹满仓盛，网网船只都不空呦！满船载着返家门，娘娘（海神）保佑好收成，来年为娘娘修庙镀金身。"

铸网铰　有谚语说："丝网铜铰，龙王爷难逃"。意思是用丝线织的渔网，入水后的阻力小，再配备上下水速度快、沉淀入泥深的铜铸网铰，更是宝马快刀，捕鱼得心应手。撒网入水，被罩进网的鱼插翅难逃。多年来，在天津滨海打鱼，形成一种习俗：若用丝线织制成渔网，用铜铸造网铰，必须缝几个用铁或用铅做的网铰，要给鱼留一条逃命的生路，此事也许觉得好笑。其实，即便是以捕鱼为生的渔民，也是以"仁爱之心"，宽松对待生灵，保持生态平衡。

3. 食俗

贴饽饽熬小鱼　是将小鱼放在铁锅底熬，同时将玉米面饽饽贴在锅周围，通常是用柴灶或煤灶。要等锅烧热烫之后，才能将饽饽贴上，待鱼熬熟后饽饽也熟了，鱼香和饽饽的玉米面香相互融合，美味可口，成为渔民和船工的家常便饭。据传，乾隆皇帝一次出海查看回来，路过一户渔家，曾品尝过贴饽饽熬小鱼，很是赞赏。于是，原本为渔家的一道便饭，就成为天津的著名美食。

虾酱 这是天津沿海渔民爱吃的一种食品。虾酱是用茸虾、对虾头、白虾等的皮壳，通过发酵等多道工序制成。其味道浓重，是佐餐的一种美味，形成天津滨海地域的饮食文化。北塘的虾酱闻名遐迩，属天津的名特产品。

英国剑桥名人罗兰，原名靳佩芬，1919年出生于宁河县芦台镇。他父亲靳东山是天津碱厂创始人之一。1992年夏天，罗兰回中国省亲，与世居芦台、汉沽的堂弟妹们欢聚一堂。宁河县政府招待靳氏姐弟妹。罗兰看到久违的虾酱，感到非常亲切，动情地说："虾酱，是儿时饭桌上的四季菜。看到餐桌上这碟小虾酱，我真的又融入了童年的生活，又回到了多年前与父母同桌吃饭的情形，更钩沉起我对父母的思念。"

过淋虾油 虾油，出自虾酱，是上佳调味佐料。其中以麻虾（线）酱淋出来的虾油最佳。质量高的虾油呈栗红色，晶莹透亮。咸虾酱澄出的虾油也不咸。用虾油拌腌过的小菜，具有返还颜色、脆生的特点。把芦苇编的小篓按在虾酱中，篓子中间就有清澈、微紫色的虾油澄出。

海米 俗称"虾米干"，是天津渔民和市民爱吃的一种水产干制品。加工海米相当复杂，有多道工序：一是煮，即用盐水将新鲜的虾下锅煮，以清水和5%的食盐为最佳比例；二是晒，将煮好的虾捞出，放在石板上自然晒干；三是踩，要在烈日下进行，目的是去掉虾皮；四是扬，用木锨扬虾使皮脱落，然后存放。这也是天津的一种特产。

咸鱼干 制作咸鱼干是用一口大缸，将鱼一层一层码好，每层都撒上食盐，隔一段时间翻动一次，直到腌咸。出缸后自然晒干，食用时用锅煲，谓之"锅煲鱼"。

另外还有一种锅煲鱼，是用新鲜的海鱼制成的一种干鱼。特点是易于贮存，用其熬制的鱼汤，口味特别鲜美。制作"锅煲鱼"，主要

美味的海米

是用"海鲶鱼"。在天津滨海水域，这种鱼很是常见，既可以用网捕，也可以用杆钓。成鱼最长达 35 公分左右。海鲶鱼资源丰富，价格便宜，适宜制作锅煲鱼。"锅煲鱼白菜汤"是天津滨海地区人们喜爱的一种吃法。

八大馇 滨海的汉沽，每餐必有"八大馇"菜肴。八大馇只是汉沽传统菜肴的代名词。所谓"八大馇"菜肴，是馇鱼、馇虾、馇蚬子、馇海螺肉等小吃的统称。就是用事先熬制好的卤汁，对鱼、虾、蚬、螺等食材进行熬与煮，不用炝锅，具有独特的地方风味。汉沽土地盐碱，气候春寒，春旱秋涝，自然环境不适宜蔬菜生长，蔬菜珍贵。一年四季，汉沽人吃饭都不缺少鱼、虾、蟹、贝类、毛蚶等海水产品。汉沽人自嘲说："三顿不吃腥，不认自家门庭"。日久天长，"馇腥货""馇鱼酱"，成为家家户户必备菜肴。

2009 年，汉沽制作的"八大馇"，被列入"滨海新区非物质文化遗产保护名录"。2012 年 2 月 10 日，《中老年时报》载文说：清光绪二十一（1895 年），袁世凯在小站练兵，在视察天津盐业时，于汉沽品尝了"馇腥货"，对这种乡土美味赞不绝口，并提议进贡御膳房。虽然未成，却被传为佳话。

蚬子干 天津沿海出产蚬子干，是用一种叫作"毛蚬子"的贝类肉制成的海鲜干货。毛蚬属于蛤蜊的一种，外壳上长着一层深褐色短绒毛。鲜活毛蚬子的吃法非常简单，洗净后入锅加水煮沸 10 分钟，即可食用。毛蚬子产量很大，向外运输能力有限。当地人便趁着鲜活，进行毛蚬子加工，制成蚬子干，以便储藏和外销。20 世纪六七十年代，在水产公司的组织下，天津沿海地区加工和销售蚬子干，颇具规模和能力。每年春、秋是毛蚬子高产季节，出海的渔船都满载数千千克毛蚬子，家家户户支起锅灶，承接加工生产。由于加工的数量庞大，剥出肉后弃置的蚬子壳像一座座小山，堆满村子里外的所有空地。蚬子干用蒲草席子打成包，称为"蒲包"，贮存和运输十分方便。

熬狼鱼 天津滨海地区有一个俗语："狼鱼顶梭羔儿，梭羔儿顶肉吃。"狼鱼，学名红狼牙鰕虎鱼，生活在沿海近岸附近，体型细长，蜿蜒扭曲，极其像蛇；体色或紫中泛黑，或鲜红如血；会张嘴露牙，还能"吱吱"地叫。它生命力极强，离开水一天也不会死。看着狼鱼，让人害怕，市场上少见。狼鱼腥味极大，按一般烹调鱼方法，做熟后腥味不去，无法食用。北塘人有吃鱼的丰富经验，把狼鱼切成寸段，拌着花椒热锅爆炒，用醋一喷，熬出的狼鱼香鲜可口。狼鱼通身只有一根刺，肉多而坚实，细细咀嚼，感觉柔韧而筋道，深受人们喜爱。

"梭羔儿"是梭鱼的幼仔，肉质细腻；梭鱼可长到十来斤重，肉质粗糙。北塘人煮的盐水梭羔儿，酱味清香，鲜咸可口，是常见的饭菜。

氽卤面 北塘渔家有一特色美食——"氽卤面"。氽卤面有些像面汤，但是作料特别多，有蟹肉、虾子、蟹黄、海鱼等海产品，以及蘑菇、木耳、花菜、豆腐干、豆腐丝、青豆、黄豆、香菜、韭菜、菠菜等。凡是好吃的东西都往锅里放，还要加把粉条，开了锅再倒股虾酱油。氽卤面五色斑斓，清香淡雅，咸淡可口，海鲜美味；既似汤又似菜，还可以当主食，人们越吃越爱吃。

北塘氽卤面 原来叫"船卤面"，起源于北塘的一个传说：很久以前，有一位叫风娘娘的神，掌管着风。如有大风，会严重地威胁海上渔民的安全，因此北塘人对风娘娘非常敬重。风娘娘的生日是农历四月初八，届时，北塘要举行盛大的庙会，家家要准备各种菜码，吃打卤捞面来庆贺；为给风娘娘缝补"风口袋"，防止有孔漏风，还要家家出钱祭祀。"风口袋"年年要补，不知道补了多少层。农历四月是鱼汛期，渔业生产不能误时，忙于打鱼的渔民没有时间做打卤捞面，便把打卤捞面的材料，放在锅里一起煮，成为流传在船上的"船卤面"。

4. 渔民武术

旧时天津渔民众多，并有出海运输者。据汉沽《邵氏家乘》记载：仅有 300 户人家的营城村，清末民初，就有几百艘木船进出渤海，与大江南北互通有无。渔民常受海匪之患。为了保护安全和渔业生产，渔民习练武术，并有水上镖师。

水（船）镖师 汉沽营城邵显彰及后世家族，有船 499 条，通过渤海湾搞水面跑脚（货物运输）。其中，有特大船两条，有六道帆篷，行驶"八面风"；每条船有操作人员 20 人，威誉渤海湾，是一方赫赫有名的养船大户。邵氏以海漕运输长芦盐以及土特产品等，为了避免遭海匪骚扰和抢劫，邵家雇佣镖师跟随船上护卫。

飞毛腿 旧时，常有"海抢子"（海匪）在渔村鱼码头抢劫渔民的财产，渔民们叫苦不迭。芦台习武人绳孝恩，练得一身好功夫，被誉称"飞毛腿"。他经常在渔村码头行侠仗义，惩治"海抢子"，维护渔民们的安全。

形意拳 民国年间，世道混乱，常有海匪驾驶小船（扁叶舟），到汉沽高家堡村渔码头，抢夺渔民辛苦捕来的鱼、虾、蟹及钱粮。高家堡子村民为了保卫劳动果实，请来形意拳大师唐维禄（宁河东丰台人）及其弟子褚广发（东丰台人）、韩长起（宁河皂淀人）、李汉章（汉沽人）。师徒向渔民传授形意拳武艺，以提高渔民的自我保护能力。

汉沽飞镲　1934 年，汉沽高家堡村有高振岚、高振先、高振轩、高振奎家族 4 兄弟，跟随敲打着锣鼓的村民，到景忠山碧霞宫去朝圣。见晨曦日暮之际，庙中有道士挥舞铜钹，做上下翻飞的击打动作，令 4 兄弟痴迷，拜师学艺数日。回村后，他们摸索着揉进形意拳术动作，把单纯等为渔船"打喜"、作为互相联络用的锣鼓镲，衍编出飞镲动作，一经问世，引起汉沽民众喜爱。此后，飞镲加入到朝拜的队伍中，形成了更大的影响。后来汉沽飞镲增添了女性参加表演，更增加了其神韵、魅力和可看性，使其场面更加张扬靓丽、精彩纷呈，成为了一道独具特色的民间技艺。

汉沽飞镲多次代表天津市进京表演，数次参加京津各种重要赛事。中央电视台、天津电视台、香港凤凰卫视和人民日报、天津日报等新闻媒体，都相继做过宣传报道。多名队员被天津市授予民间联谊会"飞镲表演艺术家"称号，汉沽被命名为天津市首批"特色民间艺术之乡"。2006 年，汉沽飞镲成为天津市首批非物质文化遗产项目；2008 年，汉沽飞镲入选国家级非物质文化遗产名录。有 4 名飞镲队员被授予"国家级非物质文化遗产传承人"称号。2011 年，汉沽飞镲亮相上海世博会，引起轰动。

盐俗

天津的盐业生产，初由政府派出机构统一管理。到了明代中叶，出现了私人购买滩地，雇用盐丁灶户，专门经营制盐业的"灶民"。长期的制盐生活，形成了盐灶户、灶民和盐丁日常遵守的习俗。

初五开土吃东家　每年的正月初五为盐滩开土日。这天天蒙蒙亮时，盐灶户和"抱锨的"（滩灶户雇佣的原盐生产组织者）绕盐滩地一周，查看和发现盐滩地存在的问题，安排新一年的原盐生产。太阳升起后，盐滩地里鞭炮鸣响。盐灶户、抱锨的、常年工，按先后秩序面朝东排列，向福、禄、寿、喜神位磕头，向东、南、西、北方位作揖，保佑一年风调雨顺。这些人还要捧一捧盐，边走边往盐池里撒盐种，表示新的一年晒盐开始。晌午时分，开土的人员要到盐灶户家吃饭，饭桌上菜肴充足，酒水齐备。这就是晒盐工"初五开土吃东家"。

莲子看漂　明代中期，天津境内部分盐场改煎盐为晒盐，产量、质量大增。晒盐，就是将海水引入海滩周边的池塘，经过日晒蒸发，自然结晶成为海盐。这些贮存海水的池塘，由人工围筑，称作"盐汪子"。所谓"莲子看漂"，是在滩晒制盐等工艺中，掌控卤水浓度的技术，负责的人是"埝头"。埝头身上携带小口袋，里面装有用盐腌渍过的莲子。把莲子放入池水中，观察其在水面下沉浮的位置，即可确定池子里卤水的浓度，再决定施行下一步的技术操作。旧时，具备"莲子看漂"能力的人，都是积攒了丰富的制盐经验的人。埝头不轻易把"莲子看漂"技术传授于人，因此这项技术带有一些神秘的色彩。

"撒工"预发粮饷　旧时，为盐灶户做盐滩活计的长工、短工，都执行预发粮饷的时规。因为在晒盐的季节里，盐灶户需要大批的季节工，多为外来谋生人员，且两手空空无依靠，没有力气干不了这种苦累的活。故"撒工"确定后，雇主向撒工"预发粮饷"，先支取部分报酬，一般是小米、豆粕，或发盐灶户开设米面铺的提取票。这样，撒工便有饭吃。但撒工的粮饷由盐灶户自定价格，难免被盐灶户进行盘剥。

送仪　旧时，各盐滩的开晒时间不一致。到夏天进入雨季，一场大雨就可能使盐田成为一片汪洋，全部盐田便同时停止晒盐，所有盐工结束繁重的劳动。俗话说"上滩不齐，下滩齐"。这时，各盐滩主都要举行一次酒宴，宴请管事的（代理人）、账房先生、捻头、车头（风力扬水机操纵者）、车尾（辅助操纵八卦帆的人），并分发酬金，算是一个结束仪式。逐年沿袭成俗，称为"送仪"。在送仪等酒宴上，大家推杯换盏，畅饮开怀，能消除工作中的矛盾和不解，增强相互情谊，有利于盐业生产。

　　晴天吃捞面　天津沿海有谚语："大旱不过五月十三（指农历）"。如果五月十三是晴天暴日，旱情就要延续和加剧，就会迎来盐业生产的高产期，铸就一年的好收成，万担家财就要到手。五月十三，就成了盐民非常关注的日子。故这天若晴天，盐户就会拿出一笔钱交给捻头，改善盐工生活，吃顿捞面。有时这天下午放假半天，故广大盐工盼望这天晴天暴日，以得到片刻歇息，缓解疲劳，吃顿捞面改善生活。

　　"水""火"龙不容　民间出会要耍龙，但天津沿海地区耍龙不同一般，是有"水""火"两个龙，而且"水""火"两龙不相容。耍龙叫"斗龙"，设有彩头。新中国成立前后，汉沽仅有不足 4 万人，却有两大两小 4 道"斗龙"花会。主要是盐坨工人参与表演，举着红色的，是"火龙"，代表盐业生产需要阳光充足、天气炎热、干旱，能够多晒盐；举着绿颜色的，是"水龙"，寓意着农、渔业生产需要充沛雨量，保证农、渔业有个好收成。

其他民间信仰

古代民俗中，各行各业皆造神、敬神、崇神以慰藉心理，祀神以祈求保佑，行业神成为人们追念肇始、维系同业的精神寄托。除了对海神、妈祖及附祀诸神的信仰外，还有一些其他的民间信仰。

潮音寺 位于天津市塘沽和汉沽，始建于明永乐二年（1404年），是由当地渔民、百姓集资兴建的。寺内供奉南海观音菩萨，原名"南海大寺"。明嘉靖年间重修，嘉靖皇帝御书匾额，名"潮音寺"。清乾隆年间又重修。寺内有前殿、南殿、北殿和配殿。民国初年，大沽籍船员曾捐资修葺山门、前殿和后殿。由于大沽人以海为生，风险相伴，寺内香火旺盛。渔民每逢出海和归来，都要到此烧香、拜谒，以求神灵保佑。农历二月十九日，是观音菩萨的诞辰，大沽每年举行盛大的潮音寺庙会。天津解放前，潮音寺年久失修，只有前殿建筑保存较为完整，其他建筑均破烂不堪。新中国成立后进行了修复，并在原有的基础上加以扩建，新建了观景台等若干景点，并恢复了以明清风味饮食为特色的商业街，形成了以该寺为中心的民俗活动场所和综合旅游区。

此外，潮音寺上的照灯，远照波涛汹涌的大海。它是灯塔出现之前，海运的导航标志。

广慧寺 传说早年间，有北塘的渔船在海上遇到风浪，船被大风吹拂漂流到一个荒岛。渔民们离船上岛后，偶然发现了一尊3尺高的铜佛像，刚刚摆脱了风暴威胁的渔民们对之虔诚膜拜。风暴过后，大家立即把这尊铜佛迎请上船，继续在海上下网捕鱼，捞得满舱鱼蟹后平安返航。渔民们感恩神灵的庇佑，在村庄中修建了一座寺庙，专门供奉这尊铜佛像，庙名"广慧寺"。农历四月初八日，是广慧寺庙会，北塘村民们一大早赶奔寺中，隆重祭祀自己的保护神。庙中有一副对联盛赞这位神灵："风调雨顺呈德世及草木，河清海晏兆天下之升平。"

盐母庙 在天津市汉沽和葛沽等地，"盐母"都是盐民等信仰。汉沽寨上的盐母庙，坐北朝南，建于清嘉庆十三年（1808年），由寨上村李斗宾等人捐资创建。清道光四年至十二年（1824—1832年）重修，在大殿中供奉"盐母"。民间传说，远在五代时期，因连年战乱，幽州一带食盐奇缺，使百姓健康受到严重影响。有一天，一位老妇人光临汉沽，教给当地居民用地面盐碱土熬煮制盐，人们纷纷如法熬制，很快解决了缺盐之难。由此，民间相传老妇人便是"盐母"显灵。为了感念"盐母"的功德，建庙塑像，尊为"盐母庙"。

海神庙　位于天津市塘沽之西沽海河岸边，是清康熙三十四年（1695年），康熙皇帝视察大沽要塞时下令建造的。两年后建成，康熙皇帝御书"敕建大沽口海神庙"匾。雍正皇帝视察大沽海口时，曾在此停留。清乾隆三十一年（1767年）春，乾隆皇帝在此行礼大典，并御赐诗、联、匾、记。此后，每逢年节、吉日，都要在此举行"圣典"。百姓、官员都要参典。民国以后，这里仍然是当地居民、客商、海员、游人和官员的瞻礼之地。1920年，海神庙成为海军管轮学校。两年后，海神观音阁失火，大部分大庙化为灰烬，但遗迹尚存。

小圣庙　"小圣"，人称海神。早年在汉沽境内有3座小圣庙，其中营城小圣庙位于村西，养心堂北，沿河傍水，坐北朝南，有正殿3间，供奉"小圣神像"。相传小圣姓滕，是一个文士，多行善事，为百姓所尊重。他23岁时，因救人而落海成神。渔民出海前，都要到庙中烧香许愿，以求保佑平安。遇有丰年，渔民们都要给"小圣"上供、挂袍。现该庙遗址尚存。

灶离庙　在津南区葛沽，贡奉盐神。李乔《中国行业神崇拜》述及海盐、池盐、井盐之神三十余位。根据文献与口述材料，历史上与天津制盐行业紧密相关的神庙有三：灶离庙与盐姥庙、平波侯晏公庙。李乔专著所述，涉及盐姥。津南地区民间流传老话："先有灶离庙，后有葛沽镇"。葛沽近海，先民熬卤煎盐为生。元代，在葛沽建丰财盐场，是古镇发展史上具有里程碑意义的事情。丰财盐场是长芦盐区著名的盐场之一，衙署一直设在葛沽，民国初年迁往塘沽。灶离庙，始建于南宋，这座盐神庙先于葛沽镇出现。

葛沽古镇曾有"九桥十八庙"之胜。九桥：当年为了运盐开挖河沟三条，称为"驳盐沟"，诗意的叫法是"水流三带"，其上架设九座桥；十八庙：民间歌谣："西财神，东玉皇，白衣、土地各一双；天后宫是娘娘，灶离庙不在乡，马神庙始终无影像；穷三官，富药王，玄帝、佛爷带文昌；尼姑庵是地藏，关老爷、火神坐两旁，慈云、海神坐南朝北向。"这首歌谣讲到十九座庙宇，十八加一，而灶离庙不在十八庙之内；但是，讲葛沽渊源离不开它，所以歌谣不忘说一句"灶离庙不在乡"，特予表出。

"灶离庙不在乡"，庙址在葛沽以南、被称为"南灶"的地方。北宋时那里名叫"盐漠洼"，是因制盐而聚落成村，在金、元两代直称为"盐村"。明朝，北面的葛沽发展起来，一南一北都制盐，就有了"南灶"之称。盐村里住着盐丁灶民，煎成的盐就堆放在村前和庙旁。建在灶区盐村的灶离庙，是盐民灶户的庙。

灶离庙，又称"灶立庙"。离、立谐音，前者应该更合古意。离，八卦之一，是代表火的符号。灶离，意即灶火。煮海煎盐的灶民表达对火崇拜，应是灶离庙之"离"字所本。庙名取"离"，比"火"字有更多含义。据葛沽人讲，庙内也供奉火神，供奉关帝。

灶离庙的主神是盐公、盐母，这是典型的行业神崇拜。各地的盐业神，大致可分为三类：历史人物，如《世本》"宿沙作煮盐"，是创始者，被奉为盐业祖师；自然神祇，解州池盐仲夏风起而结晶，南风吹，盐花成，便有了盐风神庙；与前两者不同，如四川凉山井盐盐民礼奉开井娘娘为盐神，并不借重历史人物而造出行业之神——同操一业的人们，需要有个神灵，共同祀奉膜拜，祈求从业顺遂、人安康，那神祇就造出来了。葛沽灶离庙的主神是盐公、盐母，当属后者。芦台的盐姥庙也是这种情况。

灶离庙始建于南宋建炎三年（1130年），倡建者是南灶把头万兆平，以后多次翻建。金代崇庆年间，灶离庙道人惠聪写有《盐村手记》。明万历年间，祥云道人曾将灶离庙改为盐宗祠。明天启年间，道人郭慈在灶离庙绘画元代《盐灶图》。灶离庙曾有过香火繁盛的岁月，每年四月十六日庙会，更是远近盐民灶户的盛大节日。

关于灶离庙的传说故事，在津南民间广为流传。有一则传说讲，葛沽以南地势低洼，易遭水患。灶离庙庙台并不高，屡经洪水却能安然无恙。1939年那次大洪水，四处汪洋，唯独灶离庙没被淹没，像是银盘里浮起的青螺。津南区政协编印《千年古镇葛沽》一书，所录传说故事还有《灶离庙借碗》《灶离庙憨宝》《灶离庙蛇仙》《灶离庙的药丸发了芽》等。

鱼骨庙　位于天津市汉沽大神堂村西面，坐北朝南，建有两层大殿，供奉龙王。鱼骨庙来历是：当年近海有巨鱼浮于岸上，其骨大且多。人们取鱼骨修成一座庙，其栿、檩、枋、椽，俱用鱼骨为之。今遗址尚存。

火神庙　火神，是天津滨海盐业的保护神。人们为了保证用火熬盐的安全，建庙宇以祭火的神灵。元代，"芦台盐场"所在地高庄村，就建有火德真君庙（即火神庙）。清光绪《宁河县志》记载："汉沽的制盐业开始于五代，张家码头是煎灶熬盐的地方。刮碱卤之土，汲海水，熬干谓盐。不论贫贵老幼，赖此为生"。早期的海盐生产，是架锅煎熬。用芦苇作燃料，把烧过的苇灰收藏起来，第二年把苇灰摊铺在盐碱地上，待盐碱沁入苇灰后，用海水过淋成卤，再熬盐。长期燃烧芦苇，容易发生火灾。因此盐民建火神庙祭祀，以保护生命财产安全。

敬奉"天地爷"　在天津滨海地区，凡是从事盐业的，不论是盐灶户，还是晒滩盐工，都供奉天地爷牌位。他们认为，盐是天地爷的恩赐物，依靠天地爷的保佑才有饭吃，希望一年中风调雨顺，有个好的收成。因此在居室摆设供桌，悬挂"天地君亲师"，供桌中间摆放丰盛的祭品。这些祭品，只允许晒滩盐工吃。

碧霞元君　《天津滨海史话》载："隆庆皇后，就是万历皇帝的母亲，死后封为碧霞元君，当地人称为'娘娘'。大家公认她的姥姥家在唐山。虽然史料无确切记载，但汉沽人和北塘人坚信不疑。在北塘建有娘娘宫，汉沽也建有多处娘娘庙。"明嘉靖二年（1523年），蓟州镇总兵马永，在景忠山建了娘娘庙，供奉碧霞元君。汉沽人、北塘人认为，这是碧霞元君的姥姥家，每年要送她到姥姥家小住，并有很多汉沽和北塘人护驾，规模宏大，这就是"艳妃出巡"和景忠山朝圣的民俗。汉沽大多数人长年海上役做，为求娘娘保佑，万事顺利，一生平安，特别崇奉碧霞元君。在大村落茶淀、营城、高庄等地，均建有娘娘庙。铁狮坨的民居地还建前后两层房屋的娘娘庙一座，青砖青瓦，高宅正房6间，院落对面砖瓦厢房6间，有天井，院落很大，曾经是人头攒动、香火旺盛的庙宇。有大娘娘庙村、小娘娘庙村，究其村名由来，也应与碧霞元君庙有关。历史上，每年农历三月十五日、十月十五日，汉沽的民众代表都集群结队前往景忠山，参加祭拜碧霞元君活动。一年两次朝拜，每次7～10天时间，徒步往返600余里。队伍浩浩荡荡，锣鼓喧天，伴娘娘驾同行，到碧霞宫燃香、祭供，做虔诚朝拜，仪式隆重。清代《帝京岁时纪胜》载："帝京香会之盛，惟碧霞元君为最。庙祀极多，而著名者七。"据《景忠山庙碑》："清朝初期，顺治和康熙皇帝曾6次登临景忠山，还拨给大量田地银两，修复山上山下庙宇及建筑，而且御赐了一尊十六斤四两重的黄金娘娘一尊，称谓'天仙圣母碧霞元君'。赐《大藏经》千余卷，召景忠山和尚入京城大内讲佛。顺治皇帝立康熙为太子，就是在景忠山问卜后钦定的，佐证了清朝初年景忠山的地位不弱于皇家寺庙。"

民国时，在"废庙兴学"运动中，汉沽的碧霞元君庙改为小学校。1938年至1941年，罗兰（靳佩芬）曾在汉沽娘娘庙小学教书两年半。他在自传《岁月尘沙》三部曲之二《苍茫云海》中说："战争使我放弃了考大学的机会以后，在极度紊乱不安的时局下，我独自坐着北方乡下的马轿车，到那娘娘庙改成的小学去当教员。虽然发不出薪水，却可以由学校负责住宿，并代我向当地有名的"海北春"饭馆，无限期赊欠伙食，都使我觉得满意。"

第七章
海洋事业

天津的海洋事业素称发达。天津滨海是中国较早开发利用海域资源的地区之一，也是较早实现海域资源现代化的地区之一。

20 世纪初，天津久大精盐公司所产的精盐，第一次改变了中国人千百年来食用原盐的历史；永利碱厂生产的纯碱，揭开了东亚和中国制碱史的第一页。

20 世纪 60 年代开始，大港油田和渤海油田开始了大规模的建设，所产石油，成为渤海馈赠给全国人民的厚重礼物。

天津滨海新区历史积淀厚重，旅游资源丰富。改革开放以来，濒海地区各种旅游设施拔地而起，充分体现了天津海洋文化的多姿多彩。

"十一五"期间，天津市海洋经济生产总值已占天津市国民生产总值的 29%（平均值），年均增长速度 20.4%，超过全国平均增值的 3.6 个百分点，居全国沿海省市之首。2012 年，天津海洋经济生产总值突破 4000 亿元，约占全市生产总值的 31%。南港工业区、临港经济区、海港物流区、滨海旅游区、中心渔港等大海洋产业区已具规模，海洋经济年平均增长率已达 17% 以上。

近年来，天津拥有国家部委和市属海洋科研机构、涉海高校 27 所，以及一批国家、市属海洋企业和逾万名海洋科技人才，而且每年都要推出一批有应用价值的科研成果。

近代最早的海洋化学工业

1."海王星"牌精盐

　　说起中国生产精盐的历史，不能不提到一个人，他就是中国海洋化工的奠基人范旭东先生。

　　范旭东（1883—1945年）原名源让，字明俊。湖南省湘阴县人。少孤，家境贫寒，父亲去世后迁居长沙。清光绪二十六年（1900年），范旭东随其兄范源濂赴日留学，立志实业救国，于清光绪三十四年（1908年）考入京都帝国大学应用化学系。清宣统二年（1910年），他留校做研究工作；转年，辛亥革命爆发，范旭东毕业回国。他先在铸币厂负责银圆的化验分析，因不满官场腐败，愤而辞职。后到财务部任职，奉派到欧洲考察盐政，借机了解盐碱工业。考察归来，他决心先制造标准食盐，然后用盐制碱。

　　1913年，范旭东孑然一身来到塘沽考察。在其兄、时任教育部长的范源濂以及师友梁启超、李思浩、李烛尘等人的支持下，范旭东于1914年7月创建久大精盐公司；同年9月22日，在北洋政府盐务总署注册备案，开创了中国海洋化工业的先河。公司先后筹股资本金41 100元，股东中有很多军政要人，如黎元洪、曹锟、蔡锷、冯玉祥等。范旭东用募得的资金，采购地皮和制盐设备。1915年，在塘沽破土动工设立第一厂即西厂。1916年西厂竣工投产，第一批精盐在天津上市，并在北马路设立总店。商标为"海王星"。

　　1919年扩建东厂后，精盐年产量达62 000多吨。久大精盐公司的成功，不仅结束了中国人食用粗盐的历史，而且为永利碱厂的创立提供了条件。

　　1935年，久大精盐公司资本额增至300万元，制造厂共8个，产品畅销平、津、晋、绥等地，并远及南洋、朝鲜和日本。

范旭东

2．"红三角"牌纯碱

19 世纪以前，世界制碱工业虽然已有百余年的历史（1791 年法国人路布兰首创纯碱），但是中国却还食用质劣价昂的"口碱"。19 世纪末，"洋碱"开始倾销中国，致使中国资金大量外流。

1914 年第一次世界大战爆发，"洋碱"减少，民用碱奇缺。中国急需创办自己的盐碱业，这个重任历史地落在范旭东、侯德榜和李烛尘等近代中国企业家肩上。

1918 年永利制碱厂在天津召开创立大会。1920 年召开第一次股东会，选出周作民为董事长，范旭东为总经理。开始募集资金 40 万银元(1924 年股金达到 300 万元)。1920 年 9 月，农商部批准永利注册，定名"永利制碱公司"。经理部设在天津大沽路，督导塘沽建厂。

与此同时，永利董事陈调甫赴美国网罗人才，请到了侯德榜。

侯德榜（1890—1974 年），出生在福建闽侯的一个农民家庭。清宣统三年（1911 年），考入清华学堂；毕业时，以 10 门功课 1000 分的优异成绩，被保送到美国留学，获得麻省理工学院学士学位。1919 年，正在哥伦比亚大学化工系攻读的侯德榜，欣然接受了陈调甫的邀请，参加了永利碱厂的设计。1921 年侯德榜获得博士学位，并受范旭东之聘请，出任永利制碱公司的工程师；同年侯德榜回国，主持碱厂建设。

1924 年 8 月 13 日，永利碱厂开工出碱，揭开了东亚和中国制碱史上的第一页。但是产品质量不过关，第二年 3 月，设备又损坏，全厂停工。在侯德榜等人的指导下，改进了设备，改革了工艺，工厂重新开工。1926 年 6 月 29 日，生产出优质的"红三角"牌纯碱，开创了中国自主的制碱工业。"红三角"牌纯碱在 1926 年美国费城万国博览会上获得最高荣誉的金质奖章；1930 年荣获比利时工商博览会金奖。

抗日战争爆发前，永利碱厂有了很大发展。1936 年纯碱年产量达 55 410 吨；工人 900 余人，职员 105 人。1937 年塘沽沦陷后，永利碱厂南迁四川五通桥，建立永利川厂。中国先进的制碱技术很快推广到国外，当年印度的制碱工业就是由中国政府按照"联合制碱法"援建的。这就开创了天

侯德榜

繁盛时期的永利碱厂

津借鉴外国先进科学技术加以消化吸收，然后进行改革创新，再输出到国外的先河。中国的海洋化学工业率先由天津登上世界舞台。

　　20 世纪 50 年代，永利制碱厂改组为国营的天津制碱厂。经过全面规划，2005 年天津制碱厂搬迁至滨海新区在临港工业区内规划建设的渤海化工园；而且，新的天津制碱厂还实现了全新的多元投资股份制，使碱厂的投资多元化。

3. 黄海化学工业研究社

　　在永利碱厂创建过程中，除资金缺乏外，主要问题是技术困难。为了加强科学研究，培养化工人才，1922 年在久大精盐厂化验室的基础上，范旭东、侯德榜、李烛尘等人创办了黄海化学工业研究社，它是中国第一个私立化工研究社。至此，"永利""久大""黄海"三足鼎立，俗称"永久黄"（企业集团）。

　　"黄海"社长是孙颖川博士。他的工作范围首先是协助"久大""永利"调查和分析原燃物料，试验长芦盐卤的应用；其次是探讨研究方向，为今后永利碱厂开拓新产品奠定基础。

当年的黄海化学工业研究社

"黄海"成立时，永利碱厂尚未出碱，经济十分困难。范旭东带头将久大精盐厂给他的酬金全部捐出，其他创办人也相继捐款，使"黄海"得以发展。

1928 年 9 月，永利碱厂在天津创办了《海王》旬刊。它是"永久黄"的喉舌。《海王》划归三团体联合办事处主持，主编为阎幼甫，经费由三团体按比例分摊。

1936 年，经《海王》公开征求职工意见，专门制定了"永久黄"团体的"四大信条"：1、我们在原则上绝对地相信科学；2、我们在事业上积极地发展实业；3、我们在行动上宁愿牺牲个人，顾全团体；4、我们在精神上以能服务社会为莫大光荣。"四大信条"是"永久黄"同仁的精神支柱。

"黄海"的同仁们，经过十年的艰苦探索和实践，熟练地掌握了苏尔维法制碱的工艺、设备和管理，积累了一套完整的经验。为了将苏尔维法制碱技术公诸于世，侯德榜用英文撰写了专著《纯碱制造》，于 1933 年在纽约出版。全书共 26 章、349 页、72 张插图、127

个数据表，系统地介绍苏尔维法制碱技术的理论、化学原理、操作参数、生产控制、设备结构、工艺流程和技术经济等。

《纯碱制造》的出版发行，冲破了70年来苏尔维法制碱技术的封锁，揭开了制碱技术的奥秘，使科学界为之耳目一新，并受到各国专家、学者的高度评价，被誉为"中国化学家对世界文明所做的重大贡献"。

此外，黄海化学工业研究社还在研制烧碱、硫酸、硝酸、硫酸铵、钾肥、磷肥以及化工产品的综合利用方面取得了多项成果，研究和整理出中国传统的酿酒，制造饴糖、粉丝等项技术，培养出了几万个菌种，造就出了一大批化工人才，因而被称为"永利""久大"的"神经中枢"，同时也为中国的海洋化工、农业化学等学科的起步和发展，做出了不可磨灭的贡献。

范旭东不满足"永久黄"的成功，又积极筹措资金创办永利硫酸铵厂，填补了国内化学工业一大空白，是当时亚洲一流。1934年到1937年间，范旭东与钟履坚在南京创办全华化学工业社，同周作民、卢作孚在上海创办中华造船厂等企业。

抗日战争的胜利使范旭东异常兴奋，他鼓励大家自强自立起来，去发展化工，把工业民族化、世界化。他亲自动手拟定了《十厂计划》，打算新建、重建和扩建有机化学、无机化学、农肥等工厂，使中国化工业成龙配套，自成体系。他四处奔走，以求实施，终因国民党政府的推拖、阻挠而落空。

1945年10月4日，范旭东在重庆病逝。毛泽东主席为他题写了"工业先导，功在中华"的挽联，同时，也将周恩来与王若飞合写的"奋斗垂卅载，独创永利久大，遗恨渤海留残业；和平正开始，方期协力建设，深痛中国失先生"的挽词送上，悬挂在吊唁大厅。

为永久纪念永利碱厂对中国海洋化工的历史性贡献，2001年6月在塘沽修建了滨海新区最大的绿化广场——"红三角"广场；在主题广场上，立有中国海洋化工的先驱范旭东、侯德榜和李烛尘的塑像。

石油开采

1. 渤海湾的石油地质勘探前奏

天津滨海，蕴藏着丰富的石油和天然气资源。据清康熙《宝坻县志》记载："县东南逼海，遇辰戌丑？末年春夏之月，潴火潜在发。洪波沸扬，焦橼灼楹，浮溢海面，百里内外蒸然不可响迩。邑人谓之海烧。海烧者云海龙王烧宫也，此说殊谬悠可笑。"清乾隆《天津县志》中也有这样的记载："乾隆四十二年（1777 年）六月，烧海凡三四日不熄。"其实，"海烧"是海底石油气外溢自燃，是海洋石油矿苗，说明渤海地下蕴藏着石油和天然气，是海洋赐予人类的财富。

1916 年，中国地质工作者就开始对渤海周边地区进行地质调查。在之后的 33 年中，许多有志之士为寻找华北地区及渤海海域的油气宝藏而努力，其中不乏著名的专家学者，如地质学家李四光教授，他们发表了极有价值的调查报告。但当时军阀割据，日本帝国主义入侵，连年战乱阻碍了勘探的顺利进行。直到新中国成立后，才开始进行大规模的石油地质勘探。

1954 年，地质部部长李四光发表了《从大地构造看我国石油资源的勘探工作》的报告，认为华北平原及渤海是有含油远景的地区，应进行地球物理普查。1955 年全国第一次石油普查工作会议，决定开展石油地质调查。

2. 大港油田

大港油田东临渤海，西接冀中平原，东南与山东毗邻，北至津唐公路交界处，地跨津、冀、鲁 3 省市的 25 个区、市、县。勘探开发建设始于 1964 年 1 月，勘探开发总面积 18 716 平方千米。油田总部位于天津市滨海新区，距北京 190 千米，距天津新港 40 千米，距天津国际机场 70 千米，地理位置优越，海陆空交通发达，往来便捷，是环渤海经济圈的重要组成部分。

1958 年 2 月，时任国务院副总理邓小平听取了石油工业部的工作汇

中国石油大港油田公司生产装置（CFP供图）

报。此后，根据邓小平的指示，石油部迅速成立了东北、华北、鄂尔多斯、贵州4个石油勘探处。同年5月组建了松辽、华北石油勘探局。1963年12月，在黄骅发现了工业油流。据此，石油工业部决定组织华北石油会战。

1964年1月，中共中央批转石油工业部党组《关于组织华北石油勘探会战的报告》。从此，大港油田始建。这年早春，7700余名参加过大庆会战的石油工人，遵照党中央、国务院的命令，挥戈南征，奏响了渤海湾石油勘探开发的序曲。但石油工人奋战10余月，打了20余口探井，均未发现工业油流。

1964年11月17日，3238钻井队在位马棚口西北约6千米处的北大港海堤附近竖起钻塔，港5井正式开钻。担任钻进的3238钻井队，创造了第一只刮刀钻头钻进1824米，一举刷新了全国最高纪录。

1964 年 12 月 20 日，当钻头进入老第三系沙河街组三段上部约 2526 米时，港 5 井发生强烈的井喷，成为大港油区的第一口出油井，同时也是华北地区古生界第一口出油井。

此后，又打了许多探井，均获高产油流，因此决定建立油田。因港 5 井地处北大港构造带，大港油田因此得名。因是 1964 年 1 月开始此次石油会战，所以对外代号"641 厂"。

大港油田的成功，验证了李四光对于环渤海湾地区有广阔找油前景的预测。后来，在大港油田的基础上，陆续诞生了华北油田、渤海油田、冀东油田……因此，大港油田又有着东部石油"小摇篮"的美誉。

从 1966 年到 1972 年，大港油田在渤海海域共建造了 4 座固定式钻井平台，钻探井 14 口，发现了 3 个含油构造，为海上石油勘探积累了经验。1973 年以后，开始更新设备，在国内建造和从国外购进了一批自升式钻井船、三用（拖航、起抛锚、供应）工作船和地球物理勘探船等，在渤海进行勘探、开发试验。1978 年 8 月，石油工业部将渤海石油勘探业

渤海采油平台试产庆功会

务从大港油田划出，在塘沽设立了海洋石油勘探局。1982 年中国海洋石油总公司的成立，标志着中国海洋石油工业进入了一个全新的发展时期。

1979 年 8 月 7 日至 10 日，时任中共中央副主席邓小平视察了大港油田，观看了油田各种瓶装油样，视察了大港油田滨海输油站、电子计算机控制中心、十三号深井、压气站等 14 个单位，听取了油田领导的工作汇报。他到车间与油田工人亲切交谈，并为油田题词"为把大港油田建设成为全国最大油田之一而努力"。

1985 年到 1991 年，大港油田的深化改革工作进入了第二个阶段。油田重点围绕解决利益主体地位不明确，责、权、利不统一的矛盾，根据实际情况，分别实行了效率工资制承包、企业化经营承包、经费包干和投资切块包干等不同的承包办法，从而使新形势下的经济承包工作充满了活力，有效地调动了各单位完成生产建设和经济技术指标的积极性。同时，油田从落实责任、下放权限、理顺关系的角度出发，改革了企业领导体制，推行了厂长（经理）负责制，推行了项目管理，进行了计划、财务、科技及物资管理等方面的配套改革，从而初步确立了各生产经营单位的利益主体地位，较好地做到责、权、利的统一。

1993 年大港油田陆续颁布实施了《招投标管理办法》等文件，初步建立起油田内部模拟市场。1994 年 7 月，大港油田的油气开发公司正式成立并开始运作。1995 年 12 月，大港石油管理局改制为原中国石油天然气总公司所属国有独资公司，并更名为"大港油田集团有限责任公司"。1996 年 12 月，大港油田成为全国第一家一次性整体通过 ISO9000 质量体系认证的油气田企业。

1999 年 6 月，大港油田集团有限责任公司核心业务与非核心业务分开，核心业务（油气勘探、加工销售）改组为上市公司，称为"中油股份公司大港油田分公司"；非核心业务（钻井、修井等施工作业技术服务、机械产品加工销售、生活后勤、医疗教育、文化娱乐等）作为存续企业，仍然沿用"大港油田集团有限责任公司"的名称。

2007 年年底，大港油田集团有限责任公司钻井、测井、录井、定向井业务与华北油田相关单位组建为渤海钻探公司，大港油田集团有限责任公司所属其他单位与大港油田公司整合。整合后的大港油田原油年生产能力 510 万吨，天然气年生产能力 5 亿立方米。截至 2015 年底，累计为国家生产原油 1.81 亿吨、天然气 235 亿立方米，油气当量连续 10 年保持在 500 万吨以上。

经过多年的艰苦创业，昔日的盐碱滩，已建设成为一个集石油及天然气勘探、开发、原油加工、机械制造、科研设计、后勤服务、多种经营、社会公益等多功能于一体的油气生产基地。近年来，大港油田注重推动绿色发展，通过清洁生产尽可能减轻对环境的负面影响。大港油田的港东联合站日处理采出水 12 000 立方米／天，海上采出水也实现达标回注，实现了生产现场污水"零排放"。

3. 渤海石油

中国海洋石油渤海公司，现名中国海洋石油（中国）有限公司天津分公司，创建于 1966 年。位于天津市塘沽区，是中国海洋石油总公司下属的地区公司。

1967 年，"渤海一号"的"海一井"钻井平台已钻入地下 2441 米，新近系馆陶组地层顺利完井。在神秘的渤海底部明化组及馆陶组均发现油层，首次找到了埋藏在渤海海底的"宝藏"，揭示了千万年来渤海海底秘密。

战斗在"海一井"的 3206 钻井队紧张的钻探，进行了 5 个多月。1967 年 6 月 14 日，在明化组下段 1615 ～ 1630 米井段油层实施测试。凌晨 4 时 16 分，原油伴着鸣叫从油嘴喷出。人们立即响起一片欢快的呼声："渤海出油了！"

测试结果显示，"海一井"日产原油 35.2 吨，天然气 1941 立方米。这是渤海第一股油流，也是中国海上第一股工业油流，从此拉开了大力勘探开发渤海石油的序幕，标志着中国海洋石油进入了工业发展阶段。"海一井"是渤海第一口发现井，是中国第一口海上工业油流井。6 月 21 日国务院发来贺电，称赞海洋石油工人"创造了我国海上打探井出油的先例"。"渤海一号"上的"海一井"钻井，当年产油 203 吨。

1970 年，"渤海一号"进行了改造，上部设有采油设备、原油储罐、住房和公用设施，又打下三口定向井，进行原油开采生产。直到 1976 年停产，"渤海一号"平台累积采油 2.03 万吨。

随着改革开放，渤海油田成为中国最早对外开放的行业，与世界 30 多个国家、地区的 230 多家公司、厂商和机构建立了业务联系，接待过 4000 多个来访外国团组，来渤海油田工作的外国专家达 3000 多人，而渤海油田出国考察和学习的团组达 700 余个、3000 多人次。

50 多年来，渤海油田经历了勘探、开发的生产历程，探明石油储量不断增加，油田开发生产飞速发展。公司现有员工一万多名，其中大中专以上学历者为 5 千多名，是中国最早从事海上石油勘探、开发、生产的企业。公司占地面积 29 平方千米，拥有水深 4 ～ 7 米、作业面长 2600 延米的作业码头，以及 8.7 万平方米库房、70 多万平方米施工场地和 2.5 万立方米油库。

渤海公司主营业务包括钻井、地质、测井等技术管理及咨询服务；油田管理及采油工程技术服务；FPSO 租赁及操作服务；油田建设工程项目管理及技术服务；油田物资采办、仓储、供应及码头服务；国际货运代理；超大型设备运输；金属结构构造安装；码头建造；油田设备维修；全球卫星通信；配餐服务等。此外，公司还拥有较完善的社区管理服务体系，学校、医院、公安、街道办事处等都具有一定规模。形成了生产技术和生活后勤支持保障强大的综合性、多功能服务能力和技术水平，以及完善的服务设施和设备，可以为海上油田勘探、开发、建设、生产、管理提供全方位的服务。

随着中国海洋石油高速发展，渤海公司在未来的几年里，将以高质量的发展态势，建设成为国际化、现代化的石油生产基地和环境优美的石油生活基地。到 2010 年原油产量已超过 3000 万吨。

1. 滨海航母"基辅"号

"基辅"号航空母舰，是苏联"基辅"级航空母舰的首制舰，建造于 1970 年，1975 年建成服役，1994 年退役。"基辅"号曾是令世界瞩目的海上"巨无霸"和让西方海军畏惧的"海上杀手"，服役间曾出访印度、朝鲜和阿尔及利亚等国，被喻为"国家名片"。它作为苏联北方舰队的旗舰，一度是苏联海军的象征。

"基辅"号全长 273.1 米，宽 52.8 米，全高 61 米；标准排水量 32 000 吨，满载排水量 40 500 吨；续航力 13 000 海里，最大航速 32 节，舰载飞机 33 架。船体以甲板为界，舰岛以上 8 层、甲板以下 9 层，全舰共 17 层，舰载官兵 1400 人，舷号为 075。

2000 年 5 月，"基辅"号航空母舰告别了俄罗斯的维佳耶夫军港，由上海救捞局"德意"号拖轮拖离，途经大西洋，绕好望角，穿马六甲海峡进入中国的南海、东海、黄海，驶入渤海湾。2000 年 8 月 29 日，顺利抵达天津南疆码头，历时 102 天，航程 16 850 海里，完成了航运史上的

"基辅"号航空母舰（CFP供图）

在苏联海军服役时期的"戈尔什科夫海军上将"号，是"基辅"号的同级舰

一次壮举。在国务院和天津市政府的支持下，国家外经贸部于2001年1月办理相关手续，将"基辅"号航空母舰改变为观光用途。

2005年，天津经济技术开发区实业公司（天津泰达投资控股有限公司的全资子公司）在公开拍卖中，取得原天津国际游乐港有限公司5.57平方千米土地及"基辅"号航空母舰的所有权；并成立天津滨海航母主题公园有限公司，对园区实行总体规划，以"基辅"号旅游资源为主体，以娱乐性军事活动为主题，将参与性娱乐与国防教育相结合，围绕军事主题，将园区打造成为世界最大的军事主题公园。

天津滨海航母主题公园（以下简称"滨海航母"），为国家4A级景区，总规划面积22万平方米，是以"基辅"号航空母舰这一独特旅游资源为主体，集航母观光、武备展示、主题演出、会务会展、拓展训练、国防教育、娱乐休闲、影视拍摄八大板块为一体的大型军事主题公园。登舰后，游客可在导游的介绍中，参观游历航母甲板、武备、机库、鱼雷舱、声呐舱、官兵生活区域、各功能舱室等内容。首期开放面积约3万平方米，游览时间约为3～4小时，二期将开放舰岛等上层部分。此外，还开辟有"基辅"号军事生活展、世界航母博物馆、世界兵器展、水下武器展等极为精彩的"四大展示"项目，是军事迷、青少年们的知识盛宴。同时还有珍贵的"基辅"号资料片、世界海军与航母发展史等资料影片供观赏。此外，舰上还设有航母纪念品、兵器模型、酒水吧、军事收藏品、俄罗斯工艺纪念品等独具特色的旅游商业服务。至 2011 年，滨海航母主题公园收入突破一亿元，成为天津市首个收入过亿的单一景点，滨海航母主题公园已经成为一张天津市的"旅游名片"。

2. 东疆湾沙滩

东疆湾沙滩景区是我国最大的人造沙滩景区，位于天津港东疆港区的东南部休闲旅游度假区内。景区西至观澜路，东临渤海，周边道路交通网便利。

东疆湾沙滩景区东边界由总长约 3 千米的防波堤环抱而成，景区沙滩南北长约 2 千米，总面积约 2.46 平方千米，海域总面积约 2 平方千米；总用沙量约为 15 万立方米，卵石用量约 7 万立方米。

景区主要包括防波堤、人工海滩、游艇会所、五星级酒店、景区广场、陆上海水浴场，以及低密度住宅等，是提升东疆港区商贸、旅游、休闲、宜居等整体环境，促进周边地域开发与商业发展的综合旅游观光区，将起到推动整个综合配套服务区的功能完善，带动整个东疆保税港区快速发展的重要作用。

2010 年 7 月 1 日，天津滨海新区东疆湾景区的人工沙滩正式开业。在经过一大片绿地后，就来到了东疆湾的沙滩。首先映入眼帘的是百余把遮阳伞，每把伞都配有 4 把藤椅，蓝白色的大伞撑开以后十分漂亮，可以有效地遮挡阳光；各式帐篷、洋伞布满岸边。

东疆湾沙滩景区全力打造休闲旅游全新品牌以及东部岸线休闲娱乐度假区——既具备现代国际旅游所追求的"阳光、海水、沙滩、绿色、空气"五大要素，又具有世界最热门的港口、船舶、浴场等旅游资源，顺应了 21 世纪生态绿色旅游的趋势，对于大都市旅游者尤具吸引力。

景区根据实地科学规划，设置为沙滩亲水区、沙滩游泳休闲区、水上运动休闲中心和水上休闲娱乐区。快艇、摩托艇、橡皮艇、水上飞行器、帆板、滑水等应有尽有，沙滩排球、沙滩足球、沙滩拔河等运动项目门类齐全。

东疆湾沙滩景区的西面，有一条拥有 12 个木质建筑、300 米长的购物街，为游客提供适合大众消费的盒饭、烧烤、冰激凌、本地特色海鲜、天津风味小吃等各式餐饮。同时，还售卖泥人张、杨柳青年画、十八街麻花、蹦豆张等天津特色食品、纪念品。

2013年，京津冀东疆湾天海风帆船帆板精英赛在天津东疆湾沙滩景区开幕（CFP供图）

　　购物街的不远处，有一座全国最大的单体木屋，这就是东疆沙滩的游客接待中心。它的建筑面积有 3500 平方米，总投资额约为 3000 万元，木料选用具有防腐特点的红樟松木。进入游客接待中心，首先看到的就是位于中心位置的服务中心，其中部分区域为通高至二层的共享空间。游客接待中心的二层是综合性的休闲娱乐场所，提供各种特色餐饮及休闲服务。二楼拥有各种各样的包间，其中包括带露台、豪华独立卫生间的海景房，不同档次的包间可以满足游客的不同需求。景区内提供淡水淋浴、购物、休息、餐饮、急救等服务，还将为游客提供丰富多彩的娱乐项目。据统计，东疆湾景区的日最高接待量控制在 1.7 万人次以内，使游客人均拥有沙滩面积达到 12 平方米。这是使游客感觉舒适的一个比例。

　　在东疆湾沙滩景区，还有一种绿色的机车。这是从法国进口的沙滩清洁机，共有两辆，可以清理沙滩上的小石头、烟头等废弃物，保证沙滩的清洁和人员的安全。

3. 欢乐海魔方

天津欢乐海魔方水上乐园（以下简称"海魔方"）位于天津滨海旅游区，毗邻中央大道，是由世界知名的 DPI 公司担当规划设计，按照国家 5A 级景区标准，依据国际主题景区品质精心打造的"中国人自己的水上乐园"。

欢乐海魔方水上乐园由天友旅游集团旗下欢乐水魔方股份有限公司全资兴建，于 2013 年 6 月正式投入运营，是天津旅游新地标，为滨海旅游度假区注入新的活力。

海魔方之"眼镜王蛇滑道"，是亚洲首台"眼镜王蛇滑道"，也是全球最刺激的"眼镜王蛇滑道"。首先，浮圈从"眼镜王蛇"尾部沿着蜿蜒曲折的"蛇身"极速前进；在高倾斜的转弯处，使人瞬时体验从一侧转向另一侧的旋风漂移感受；还没来得及松口气，就已跌入"眼镜王蛇"垂涎欲滴的血盆大口，尖锐的"毒牙"喷射出水柱，让游客避之不及；当您认为这一切结束时，却又出现 2 米的落差振荡，心悬一刻后立即冲入水池中。

海魔方之"翻江倒海"，是全国最大的万人疯狂海啸造浪池，惊险的自动双回环滑道、刺激的尖峰时速滑道等，形成最富激情、最时尚动感的巨型水上狂欢乐园。站在全长为 76 米的滑道起点，进入密封窗，进行超强感官刺激的自由落体加速滑行；当手紧抱身体时，滑道突然急速下降 15 米，巨大的垂直回旋滑道会将游客从最低点带到最高点落下，尽享风驰电掣般的竞速体验。

海魔方之"时空穿梭"，是华北首台全封闭 360 度滑道。当游客置身于流动的水帘之中时，将体验到连续不断的急速回环，犹如穿梭于黑暗的时空隧道，然后勇敢地冲向光明。

海魔方之"深海章鱼怪"。17 米高的八组并列三段式滑道蜿蜒辗转，好像章鱼张牙舞爪；闭上眼睛从顶端滑下，可使人感受在"章鱼"身上穿梭的奇妙触觉，体验多层次的滑行乐趣与速度变化。

海魔方之"尖峰时速"，是环渤海地区首台极速冲刺滑道。游客可以体验从 19 米高度自由下落到水中的感觉。近乎垂直的滑道，风驰电掣般的急速坠落速度，让人尽情感受垂直失重的极限快感。

海魔方之"魔幻漂流"。是亚洲唯一的双层漂流河，上层是"水上飞龙"，下层由"激速漂流"和"梦幻漂流"组成。近 2000 米长的漂流峡谷，时而风平浪静、时而暗流涌动，更有堪比山洪爆发的惊涛骇浪，可以感受真正的奇幻漂流。

海魔方之"滑板冲浪"。滑板冲浪是施展个人魅力的最好舞台。这里，可以体验只身在海上乘风破浪的感觉，可以秀出水中滚翻冲浪绝技。海魔方中的儿童嬉水池，有专为儿童量身打造的趣味滑梯和魔幻滑道。此外，还有"亲水战士""魔幻水城堡""大雷雨""绿洲""阳光""活力大冲关""水际争霸""疯狂海啸""龙王迎宾秀""海啸冲浪秀"和人造真沙海滩、沙滩派对等丰富多彩的海上游艺项目。

欢乐海魔方水上乐园采用全球最先进的水循环处理系统，在确保游客健康与安全的同时，通过对循环水收集、净化、杀菌，来为园区绿化浇灌，最大限度地节水减排，树立水上乐园的低碳环保典范。

4. 极地海洋世界

天津极地海洋世界，是由大连海昌集团在天津投资兴建的主题性公园，也是以海洋公园为主题的大型开放式旅游项目。项目位于天津市滨海新区响螺湾旅游板块，塘沽海河外滩南岸，西临海门大桥，东临迎宾大道。

天津极地海洋世界主体建筑成鲸状，是目前国内最大的单体极地海洋馆。该馆建筑面积 47 000 平方米，上下四层结构，其中第二、第三层为展览区，其外形采用国际先进的双曲造型设计，酷似畅游中的鲸。主场馆高度约为 43 米，最高点"背鳍"高度约为 67 米；场馆内最高高度 23 米。其建筑等级为一类公共建筑，使用期限为 50 年，抗震设防烈度为七度。天津极地海洋世界从世界各地引进 200 余种海洋动物，珍稀鱼类上千种。其中包括世界现存稀有的北极熊，难得一见的北极狐、北极狼以及白鲸、伪虎鲸、帝企鹅、跳岩企鹅、海狮、海象、海豹等。游客还可以在馆内与各种"海洋精灵"零距离接触，与海豚握手、亲吻，亲手喂养白鲸等。

天津极地海洋世界由 8 个游览专区组成，即：

极地动物展区，包括全国最大的 77.8 平方米"企鹅展区"，展示数十只企鹅。下面是"北极熊展区"，展窗前有一条深约 60 厘米的小通道，可以让孩子们清楚地看到北极熊。再往前是稀有动物北极狐、北极狼的展区，国内只有天津极地海洋馆同时展出这两种动物。还有海象、海豹、海狮等，包括全世界仅存不到 1000 只的海獭，都可在这里一睹它们的风采。

海底隧道展区全长 35 米，"L"形路线，拱形观赏面，180 度全景展示。站在目前全国体容积最大的海底隧道展区中，色彩缤纷、形态各异的各种鱼类在游客身边、头顶畅游，使游客仿佛置身真正的海洋世界。

　　白鲸展区是一个从二楼延伸到三楼的硕大的展示池，这是国内最大的白鲸展区，其中有为白鲸设计的"公寓"，"小间"是卧室，"大间"是客厅。游客可抚摸，喂食或与白鲸拍照，进行互动。

　　从二楼上至三楼，鲸鲨展区就呈现在游客眼前。各种鲸类的美丽身姿，各种鲨鱼的凶猛姿态，在这里将一一展现。

　　珊瑚展区非常吸引眼球，色彩艳丽，形态优美的各色珊瑚，将海底世界的美妙与瑰丽表现得淋漓尽致。

　　如果说珊瑚是最美的静态展示对象，那么，水母展区则有最美的动态展示对象。

天津极地海洋世界的海豚表演节目（CFP供图）

科普展区设有一块长 30 米的触摸池，触摸池里有各种鱼类、虾类、蟹类，还有各种贝壳、珊瑚、海藻等。游客可以用显微镜观察池里微生物的生存状态，也可以用小网捕捞各种海洋动物；小朋友可在浅池中用手触摸小虾、小蟹、小贝，还有工作人员进行科普讲解，是孩子们与海洋动物一起嬉戏的乐园，在这里还可以买到水母。

　　海洋欢乐剧场拥有 1 个大型表演池，3 个寄养池，2000 余个座位，可同时容纳 3000 余人观看表演。游客们不仅可以近距离观赏大白鲸、海豚、海狮等海洋动物的精彩表演，还可以在表演台上与海豚玩转呼啦圈，与海豚握手、亲吻，和它们零距离接触。

国家海洋博物馆

国家海洋博物馆是中国首座国家级博物馆。国家海洋博物馆不是海洋技术博物馆，也不是海洋生物博物馆，而是海洋文化、海洋文明的博物馆，是文化设施。重点是"国家级"三个字，其地位与北京故宫博物院相当，可以称之为"海洋故宫"。

2011年4月，国家海洋博物馆选址在天津市滨海新区产业园南区东北部，毗邻规划的南湾水域；国家海洋博物馆还是首座落户天津市的国家级博物馆。2012年10月，国家海洋博物馆项目通过国家立项审批，正式启动。按建设计划，2016年年底国家海洋博物馆将全部建成，预计2017年开馆试运行。

国家海洋博物馆是我国首座国家级、综合性、公益性的海洋博物馆，建成后将展示海洋自然历史和人文历史，成为集收藏保护、展示教育、科学研究、交流传播、旅游观光等功能于一体的国家级爱国主义教育基地、海洋科技交流平台和标志性文化设施。

国家海洋博物馆的建设在我国海洋事业发展史上具有里程碑意义，将结束我国没有一座与海洋大国地位相匹配的综合性国家海洋博物馆的历史。

国家海洋博物馆主体钢结构施工

1. 海洋管理

海洋管理

天津市的海洋管理机构始建于 20 世纪 80 年代初，当时天津市科委成立了海岸带调查办公室，负责对近海资源进行调查。在此基础上，成立了海洋处，对外是海洋办公室，对内是科委下属处室。

1996 年，为适应海洋事业发展的形势，天津市正式成立海洋局，同时加挂"国家海洋局天津海洋办公室"的牌子，归口于天津市科委，主管全市海洋事务，规格为副局级。后来增加了"自然保护区处"，与国家海洋局北海分局天津海洋监测站共建了"预报台"，在北海分局天津海洋监察大队加挂了"天津海洋监察大队"的牌子。

从 1998 年开始的机构改革中，天津市海洋局从归口科委改为归口天津市规划国土局管理，增设法规处；2004 年又从归口规划国土局转归口国土房管局管理，成立了"天津海监总队"和"渤海基地筹备处"。从此职能发生较大变化，即从"海洋科技"开始向"资源管理"过渡。

2008 年，天津市海洋局成为隶属于天津市政府管理的直属机构，从副局级单位升格为正局级单位，内设 7 个处室。其职能由"资源环境管理"变为"海洋综合管理"。在管理海洋资源和环境的基础上，又增加了全市的海洋经济管理职能，不断走向海洋综合管理的轨道。

2011 年，在滨海新区体制改革之后，原塘沽、汉沽、大港三个区的海洋局改由天津市海洋局直属管理，成立海洋咨询服务中心；2012 年，增设国家海洋博物馆管理办公室，负责藏品征集等相关工作；2013 年，增设了中国海监天津市维权执法船队，海洋职能发生了很大变化。

天津海洋机构在十几年的机构改革中，从无到有，由小到大，由弱到强，海洋队伍不断壮大，海洋管理职能不断拓展。海洋立法方面，由"办法"到"条例"，依法行政越来越规范。在管辖范围方面，越管越宽，地位越来越高，作用越来越强。

目前，天津市海洋局是全国省市海洋机构中唯一的正局级单位，是全国唯一负责全市海洋经济管理的职能部门，实现了天津市海洋管理从多头到统一，创新了海洋管理的机制。

2. 海域使用

海洋管理的核心是海域的使用管理。我国海域使用有三项制度，其中最基本的就是有偿使用。

原来天津海洋管理处于无序、无度、无偿的状态。2003 年，天津某用海大户拒绝缴纳海域使用金。天津市海洋局以此为突破口，开始解决"三无"问题，即通过宣传海洋法规，做思想工作，转变用海观念，请主管部门支持等方法，让问题得以突破，使海域有偿使用制度建立起来。

近年，天津海域使用金达到 20 亿元左右，实现了海洋管理经济效益和社会效益的双丰收。

3. 渤海监视监测管理基地

2005 年，随着滨海新区上升为国家发展战略，天津市海洋局积极促成了天津市政府和国家海洋局合作建立渤海监视监测管理基地（简称"渤海基地"）。该基地定位是：立足天津，服务渤海，辐射全国，面向世界，更好地为滨海新区开发开放服务。2012 年 8 月 1 日，渤海基地正式开建。

渤海基地的区域面积为 1 平方千米。其中，陆地占 80%，海域占 20%，有 2000 多米的海岸线。建成后，渤海所有执法船都可以停靠，并有直升机停机坪。

渤海基地将最终实现三大主要职能：海洋管理的业务支撑，海洋技术研发与转化职能，国家交流与合作职能。

1. 科技兴海

天津市海洋科研机构和涉海高校数量众多，海洋科技人才实力雄厚，海洋自主创新能力较强，具有开展"科技兴海"项目研究的良好基础。

所以，天津市从"科技兴海"项目入手，努力提高项目实施的针对性，重点解决制约某一技术领域和产业发展的关键性科技问题，从而带动了产业的转型升级，增强产业核心竞争力，以逐步促进海洋经济发展方式的转变。

2010 年，天津设立海洋科技专项资金，每年根据"科技兴海"项目的需求，从海域使用金地方留成中安排一定经费。自 2010 年至 2012 年，累计投入 6000 万元引导资金，资助"科技兴海"项目 75 项，带动企业配套科技研发投资 1.5 亿元，累计形成专利成果 50 项，撰写高水平论文 75 篇，培养硕士及以上人才 37 名。在真空制盐、水下滑翔机、海底声学拖缆、海水化学资源提取等方面取得重大突破，取得了一批具有自主知识产权、打破国外技术封锁的关键技术成果。"科技兴海"也破解了海水工厂化制盐、极区海洋观测、超大尺度重型海洋装备制造等难题，大大发挥了海洋科技对海洋经济发展的支撑促进作用，使天津市在海水综合利用、海洋高端装备制造等领域，始终保持全国领先地位。

2011 年天津市在全国率先出台《天津市科技兴海行动计划（2010—2015 年）》，进一步明确海洋科技要落实"加快转化，引导产业，支撑经济，协调发展"方针。进入"十二五"，天津积极推进实施"科技兴海"战略，海洋科技对海洋经济发展的支撑和引领作用明显加强，对海洋管理的服务水平得到明显提高。现在，"科技兴海"已成为海洋产业发展的助推器。

2. 海水利用

海水利用，包括海水淡化、海水直接利用和海水化学资源利用等，是解决沿海水资源短缺的重要途径。作为中国海洋经济发展的重要城市，天津市海水利用具有全国领先的产业基础、科技资源、区位条件和技术水平、专业人才等。

海水淡化技术

天津是我国较早开展海水淡化技术研究的城市之一，掌握了低温多效和反渗透海水淡化技术。20 世纪 80 年代，天津大港电厂在全国率先引进 2 套处理能力为 3000 吨／日的多级闪蒸海水淡化装置，所产淡化水主要用于 4 台机组发电用水，至今稳定运行十余年；灌装的纯净水已对外销售多年。截至 2012 年年底，天津市海水淡化装机规模已达到 21.7 万吨／日，占全国的 32%，居全国首位。

国家海洋局天津海水淡化与综合利用研究所，完成了我国首个自主设计建造的千吨级低温多效海水淡化工程和仿真培训平台，设计完成 6（台）套处理能力为 3000 ~ 4500 吨／日的低温多效海水淡化设备并出口海外。同时，在天津与大连、青岛等多个地区，建成千吨级反渗透海水淡化工程，形成系列岛用海水淡化装备产品，已应用于三亚、西沙、青岛等处的岛屿。

2003 年，天津市科委组织当地专业科研院所、大学及企业，在天津塘沽盐场建成处理能力为 1000 吨／日的反渗透海水淡化示范工程。2006 年，泰达新水源公司建成单套处理能力为 1 万吨／日的低温多效海水淡化工程，淡化装置由天津本土企业引进 ENTROPIE 公司全套技术加工完成。

2010 年，大港新泉海水淡化厂建成处理能力为 10 万吨／日的反渗透海水淡化工程，该工程是目前国内单机和工程规模最大的反渗透海水淡化工程。以大港电厂海水冷却系统排放的温海水作为淡化工程进水，有效解决了北方海水温度低、不能直接作为反渗透装置进水的问题；生产的淡化水直接向天津石化 100 万吨乙烯项目供水；淡化后的浓海水被送到长芦海晶集团进行海水制盐。

2011 年，天津国投津能发电公司北疆电厂建成一期处理能力为 10 万吨／日的低温多效海水淡化工程。该工程单机处理规模 2.5 万吨／日，造水比为 15，是目前国内单机和工程规模最大的低温多效海水淡化工程，90% 以上的淡化水向社会供应。现已形成以海水为纽带，发电、海水淡化、海水循环冷却、浓海水制盐为一体的海水淡化产业链条。

在海水直接利用方面，天津引领中国海水循环冷却技术的发展。国家海洋局天津海水淡化与综合利用研究所通过多年攻关，突破海水循环冷却关键技术，完成国内首个具有自主知识产权的千吨级、万吨级、10 万吨级示范工程。1999 年，在天津碱厂建成国内首个百吨级海水循环冷却中试装置。2004年，在天津碱厂完成了国内首个化工系统使用的、处理能力为2500吨／小时的海水循环冷却技术示范工程，首次实现以海水代替淡水作为工业循环冷却水。在海水冷却水系统使用普通碳钢，比海水直流冷却排污量降低95%以上，其中包括有利于环保的三项创新，有关技术填补国内空白，总体技术达到国际先进水平。2009年，天津国投津能发电公司北疆电厂配套2×1000MW电力机组，建设完成处理能力为10万立方米／小时的海水循环冷却工程。此外，国家海洋局天津海水淡化与综合利用研究所还掌握着大量生活用海水处理技术。

2013年，国家发展改革委将天津滨海新区列为首批海水淡化示范园区，天津国投津能发电公司被确定为首批海水淡化试点单位。北疆电厂一期二批处理能力为10万吨／日的低温多效海水淡化工程也已安装完毕；二期20万吨／日的低温多效海水淡化工程正在计划建设中。

此外，天津还将建设新泉5万吨／日的海水淡化续建工程、临港工业区6万吨／日的海水淡化工程、海水淡化与综合利用一体化工程中12万吨／日的海水淡化项目等。未来天津海水利用产业面临着广阔的发展空间。

海水化学资源利用

天津市依托国家海洋局天津海水淡化与综合利用研究所、天津长芦海晶集团、天津汉沽盐厂等单位的人才和技术优势，完成了万吨级浓海水提镁技术的研究开发、浓海水综合利用新工艺关键技术的研究、超重力法卤水提溴技术的研发、增强材料硼酸镁晶须百吨级中试以及气态膜法提溴百吨级中试，等等。

此外，天津汉沽盐厂、长芦海晶集团分别利用北疆电厂及大港新泉集团海水淡化工程浓海水进行晒盐，并开展化学资源综合提取与利用。

3. 海洋石油平台技术

渤海油田是特有的陆相油层、海洋环境，比陆上油田开发生产成本高，科技含量要求高。又较海相油田构造复杂、储层多变，且为稠油储量，开发生产难度大。1967年6月14日，中国在渤海打下第一口海上工业油流井。此后，仅用40多年，以渤海海洋石油为代表，海洋石油开发生产步入世界先进行列。

海洋石油平台有多种类型，井口平台是海洋石油开发生产的重要设施，每个油田至少一个。它粗壮的支架深深插入海底，托起巨大的钢铁建筑，耸立着参天的钻塔和起重机巨擘。平台设有油水气分离装置和储罐，可供油轮靠泊、外输生产的原油，还有直升机起落平台。井口平台设有供采油或注水的耐高压井口装置，各种管路连接成复杂的管汇，并有海底管线和电缆连接中心处理站或浮式生产船、储油船、卸油船。设有高度自动化的计量和控制设备及先进的卫星通信设备；平台上有完备的安全系统，可自动报警、自动喷淋灭火；应急救生系统拥有救生艇、紧急救护用品等。

采油井是海洋石油生产的主要设备，利用特殊钻具组合，能深入海底4000多米。采用有定向控制系统、电子传感器和地质导向的旋转导向钻井工具，由计算机软件设计、计算、绘制井眼轨迹，在平台上能打出各种井型，从井口延伸到周围几千米海底，海底石油可得到有效开采。它能打多个倾角大于70度的定向井，井口间距可小到1.5米；在一个平台上能打出40多口井；能打水平井和水平分支井，打到一定深度，可转为水平方向延伸2000多米；有的还能分支，多达6个。

"十五"期间，国家科技部设立大位移井和大斜度井研究项目，垂深比例大于2。中国海洋石油总公司研究中心组织渤海石油公司、中海石油技术服务公司及石油院校联合攻关，应用扭矩摩阻分析软件、可变径稳定器、水基聚合醇钻井液和钻井数据采集远传系统技术，首先在渤海油田进行先导实验和实施，获得成功。

采油井自身结构复杂，它有几层套管，套管间隙注入特殊的高强度速凝水泥加固。井底部利用微量炸药能打出很多精细的小孔，以利开采。同时还要进行防沙处理，采用平衡射孔大负压返涌放喷技术，实现一趟管柱多层压裂充填防沙；使用特殊的完井液清洗和防腐保护。这些工作由各专业公司完成，采用具有自主开发知识产权的技术，使用的工具和材料也全部国产化，保证埋藏在海底的原油从牢固管路中畅通而出。

在中心平台上附有生活区，有水、电、气供应，有娱乐休息设施，有篮球场，有供海陆交通的直升机。海洋石油平台集多项科技成果设计，异常牢固，任凭狂风巨浪、坚冰冲击而岿然不动，为人们提供着必需的能源。

4. 海洋污染治理

2002年，满载8万多吨原油的马耳他籍油轮"塔斯曼海"号，与中国大连"顺凯一号"

轮在天津大沽锚地东部海域 23 海里处发生碰撞。"塔斯曼海"轮上的原油发生泄漏，造成海域大面积污染事件。

2004 年，天津市近岸海域大部分海区海水环境质量符合较清洁的海域水质标准。但在此后，短短 153 千米海岸线上，却平均每 10 千米左右就有一个排污口，绝大多数属于超标排放。到 2005 年，天津海域被迫吸纳了总量 288 多万吨的来自京、津、冀的污染排放物，致使只有近 1/3 的近岸海域符合较清洁海域水质标准；到 2006 年，却只剩下近 1/7 的近岸海域符合这一标准了。汉沽和塘沽附近的海域大部分属严重污染，大港附近大部分海域属轻度污染。

面对海洋的严重污染，治理和保护就成为一个艰难的课题。

坚持污染赔偿

2002 年"塔斯曼海"轮污染事故发生，造成津冀 1800 多名渔民蒙受经济损失。危害面积之广、涉及人数之多，使这次事故成为各大媒体瞩目的焦点。两年后，天津海事法院就这一损害赔偿案进行了两次公开审理。提起诉讼的原告为天津市海洋局及天津市渔政渔港监督管理处，河北省滦南县渔民协会代表 921 户和养殖户 15 户，塘沽区北塘渔民协会代表 433 户，塘沽区大沽渔民协会代表 236 户，汉沽地区渔民、养殖户 256 户。各原告经调查取证后，确定最终索赔金额共计人民币 1.7 亿余元。

天津海事法院判决：英费尼特航运公司和伦敦汽船船东互保协会的最终赔偿金额共计 4209 万余元。一审判决后，被告旋即上诉至天津市高级人民法院。历经一审、二审和最高人民法院再审，前后时间跨度近 7 年，直至 2009 年该案才作出终审判决，判令被告赔偿人民币 1513.42 万元。

强化海洋法规

2007 年国家海洋局发布了《海洋溢油生态损害评估技术导则》，这是海洋生态评估的行业标准。据此，对海洋生态造成损害的，应当由海洋行政主管部门代表国家对肇事者提出赔偿要求。该导则还具体规定了海洋溢油对海洋生态损害的评估内容和评估方法，为科学量化海洋溢油事故生态损失提供了技术标准。

按照这一导则，应当评估的海洋生态损失分为海洋生态直接损失（包括海洋生态服务功能损失和海洋环境容量损失）、环境修复费（包括清污费用、滩涂修复费和沉积物修复费）、生物种群恢复费、调查评估费，索赔额度等。该行业标准的发布，为天津市出台《天津海洋环境保护条例》奠定了基础。

实施海洋监测

　　天津滨海新区濒临东疆港区的海边，虽然宽阔的柏油马路上的车辆往返穿梭，但公交线路还没有延伸到这里。空旷的盐碱地里，一座银灰色三层大楼十分醒目，这就是天津海洋环境监测预报中心。

　　该中心是海洋环境守望者的家园，在全国海洋监测站中人数最少，人员平均年龄最为年轻，但业务能力堪称一流，有近一半人员拥有硕士以上学位。在 2011 年的全国海洋环境监测大奖赛上，有 5 位监测人员荣获三个单项第一名，团体获得第六名。

　　2008 年临近春节时，位于天津大港渤西油田天然气海底管道被作业的施工船铁锚挂碰造成泄漏。年轻的监测专家带着几个同事火速赶赴现场，进行抢修。半个多月的时间，他们轮番倒班，严密观测着海水的异常，确保海洋环境有效监控，直到大年除夕才完成监测任务。

　　2011 年 6 月，发生了轰动全国的蓬莱 19-3 油田原油泄漏事故，天津海洋环境监测预报中心的专家从 6 月 21 日至当年年底，持续开展密集监测。无论酷热潮湿，还是雨雪冰霜，都坚持定期在陆岸和海面巡视。当发现一个 2 千米长的条状油带后，就仔细采集污染样品，拍照取证，并即刻送往位于青岛的北海监测中心，进行油指纹分析鉴定。最后确认是船舶偶然泄漏的燃料油，庆幸天津海域没有受到污染。

　　做为海洋的守望者，工作和生活往往面临艰苦。每年都有 100 多天的出海任务，每天一般要工作十多个小时。经常早上 4 点起床，5 点出发，10 点前赶到定点。一个定点需要三次采样，间隔 4 小时，完成监测后回来，常常已是半夜。公休日如果有任务，也要说走就走，毫不含糊。如果监测点离岸较远，吃住往往没有保障。石油管道一旦发生溢油事故，不能只限于钻井平台周围监控，还要扩大范围拉网式巡视，在目光能交接的距离交叉巡视；航线密集、面积大、时间长，巡视一圈要十几个小时。出海的食物只有方便面，有时没热水就干嚼。长年出海难免遇到风浪。海况天气不好的时候，船舷都能摆到近 45 度，海水能涌上甲板；船上的用具都被晃掉，人都坐不住。这样的事例，不胜枚举。

5. 自然灾害预防

预防风暴潮

　　风暴潮是指由强烈大气流扰动，如热带气旋（台风、飓风）、温带气旋（寒流）等所引起的海面异常升高现象。如果风暴潮恰好与天文高潮相叠，则常常使滨海区域潮水暴涨，海潮甚至会冲毁海堤、海塘，吞噬码头、工厂、城镇和村庄。据相关资料统计，中国海洋灾害损失约占全部自然灾害总损失的10%，而风暴潮灾害又为海洋灾害之首。

　　加强风暴潮预报。2007年3月4日，国家海洋局和海洋预报台发布警报：因受强冷空气和黄海气旋的共同影响，渤海湾将在3月5日凌晨到晚间，出现1969年以来最强的一次温带风暴潮过程。受其影响，天津市沿海将出现4到6米的巨浪和狂浪，对海滨建筑物和海洋作业、港口生产及沿海居民造成极大的威胁。

　　组织抢险队。为此，天津市政府应急事件委员会指挥办公室，组织了近万人的抢险队，于3月4日17时左右，赶赴天津港及沿海危险地段待命。

　　加固安全设施。天津市所有沿海单位都开始对重要的入海口、闸门进行提前封堵，同时加固入海口及闸门的安全设施。多个沿海泵站启动大功率水泵排水，提高管网的蓄水排水能力。天津港一夜之间转移物资和设备近万吨。

　　联系渔船回港。在塘沽、汉沽和大港3个区内，几十个沿海渔村日夜防护。海事部门的指挥中心通过卫星定位系统，为所有在海面上作业的渔船实施导航。塘沽区政府的工作人员和海上搜救人员，不停地用无线电和渔民联系。在风暴潮来临前，天津海域内捕鱼作业的100多条渔船及船上近千名渔民全部安全返回陆地。

　　温带风暴潮抵达天津，天津港的潮水高度达到了4.69米，离警戒潮位只有20厘米。由于以上措施，使风暴潮的损失减轻。天津沿海有多个长芦盐场，以前每次大风暴潮都要对盐场造成巨大破坏；这次加强了防范，风暴潮对油田、仓库、农田、货物造成的损失相对减少。

监控赤潮

　　赤潮，是海湾的"红色肌瘤"。2004年6月15日，国家海洋局向社会公布：在渤海海域发现大面积有毒赤潮。从塘沽附近海域至渤海湾中东部及北部海域，赤潮面积约3200平方千米，主要赤潮生物为米氏凯伦藻。这是有史以来天津海域首次发现有毒赤潮。

天津市海洋局及时启动赤潮应急响应预案，与国家海洋局北海分局密切配合，进行赤潮应急监视监测，并采取了有效措施，做到了"三个确保"：

一是加强赤潮跟踪监视监测，增加监测频率，密切关注赤潮发生发展动态，确保实现对赤潮动态的有效监控；

二是及时提请有关部门和水产养殖单位，采取必要措施，确保将赤潮对养殖业的损失降到最低限度；

三是加强对赤潮发生海域的海洋生物贝毒检测，确保受赤潮毒素影响的海产品不流入市场，保障人民群众的身体健康和生命安全。

由于预防及时，措施给力，在全部生物样品中未检出赤潮毒素，安全地度过了这次有毒赤潮危机。

渤海赤潮，是海洋对人类的一次黄牌警告。进入21世纪以后，渤海环境污染日趋严重，污染海域面积日趋扩大。海水中主要污染物为无机氮、活性磷酸盐；而且，陆源污染物排海仍然是造海域污染的主要原因。随着环渤海区域工业发展步伐的加快，渤海湾的污染排放急剧增加，污染加重。因此，要基本防止海湾污染，根绝赤潮，根本上是要杜绝陆源污染物排海。这个任务，不是几个涉海职能部门所能解决的，而是需要沿海、沿河所有地区和单位共同进行努力。

赤潮是在特定的环境条件下，海水中某些浮游植物、原生动物或细菌爆发性增殖或高度聚集而引起水体变色的一种有害生态现象

中国海洋文化

第八章
滨海新区

天津滨海新区位于天津东部沿海地区，环渤海经济圈的中心地带，规划面积2270平方千米，海岸线153千米，海域面积3000平方千米。它是天津市下辖的副省级区、国家级新区和国家综合配套改革试验区，国务院批准的第一个国家综合改革创新区。截至2011年年底，滨海新区常住人口达到253.66万人。

1994年，天津市决定在天津经济技术开发区、天津港保税区基础上，"用十年左右的时间，基本建成滨海新区"。经过十余年的自主发展，滨海新区在2005年被写入"十一五"规划，并纳入国家发展战略，成为国家重点支持开发开放的国家级新区。

滨海新区拥有世界吞吐量第四的天津港，可通达全球400多个港湾；四通八达的立体交通和信息通信网络，可在第一时间与世界相连。

滨海新区是国家综合配套改革试验区和国家级新区。这里聚集了国家级开发区、保税区、高新区、出口加工、保税物流园区和中国面积最大、开放度最高的保税港区。

滨海新区是中国北方对外开放的门户、高水平的现代制造业和研发转化基地、北方国际航运中心和国际物流中心、宜居生态型新城区，被誉为"中国经济的第三增长极"。

天津滨海地区红外影像

渤海岸边
的希望之光

1. 中国共产党第十一届三中全会

1978 年是被全中国深刻铭记的一年。

这一年的 12 月 8 日至 22 日，中国共产党第十一届三中全会召开了。这次会议的议题，就是"把全党工作重点转移到社会主义现代化建设上来"。这个在现在看来如此朴素的主题，在那个年代却如一声春雷，惊醒了沉睡的大地，扭转了祖国的命运，掀开了划时代的新纪元。中国开始了从计划经济向市场经济的深刻转型。

这是人类历史上一次前所未有的尝试。世界的关注，人民的期盼，一切一切都在拷问着中国执政者的智慧和胆识。此时，被亲切地誉为"中国改革开放总设计师"的邓小平同志，已经重回领导岗位，全面主持中央工作。站在风口浪尖，邓小平同志运筹帷幄，对中国的走向已经勾画出了清晰的蓝图，首要的举措便是对外开放。他说，让"一部分地区和一部分人先富起来"，实践才是检验真理的唯一标准。没有人可以先知先觉，必须先干起来。随后，他在中国的南海画了一个圈，厦门、珠海、汕头、深圳，成为中国第一批对外开放的 4 个经济特区。同时，他用生动易懂的"摸着石头过河""无论黑猫白猫，抓到耗子就是好猫"等通俗比喻，把改革开放的原则确定下来，为当时的众多疑惑和争论作了最好的注解。

2. 列入国家沿海开放格局

1984 年 3 月 26 日至 4 月 6 日，中共中央书记处、国务院在北京召开沿海部分城市座谈会。5 月 4 日，中共中央正式印发《沿海部分城市座谈会纪要》的通知，确定开放大连、秦皇岛、天津、烟台、青岛、连云港、南通、上海、宁波、温州、福州、广州、湛江、北海 14 个沿海港口城市，兴办经济技术开发区。

面对难得的历史机遇，天津，作为我国近代历史上以港兴城的样本

打进第一根定桩柱

城市，以其优越的地理位置和水运条件，成为我国洋务运动的发祥地之一和中国近代工商业文明的先驱之地，曾与上海并驾中国南北。

1984 年 12 月 6 日，国务院对（天津市）《关于贯彻中央十三号文件进一步对外开放的报告》作出批复："同意天津市在原塘沽盐场三分场兴办经济开发区。开发区的地域位置，东起海防路，西至京山线，南到计划修建的高速公路，北靠北塘镇，总面积三十三平方千米。"这标志着天津开发区正式诞生了。

14 个沿海开放城市在中国的版图上一字排开，无论是兴建特区还是开发区，都承载着 20 世纪 80 年代中国对外开放的迫切希望，如颗颗珍珠点亮了中国的东南沿海；同时百花齐放，百舸争流的竞争局面初步形成。天津，这颗闪亮的渤海明珠，当之无愧地站在了那个时代的改革前沿。

3. "开发区大有希望"

1986 年，是天津开发区历史上有着非凡意义的一年。

从 1984 年开发区全面铺开，两年的时间里，开发区走过了并不平顺的历程。比如，当时签约企业只有 41 家，投资总额不足 8000 万美元；投产企业仅 2 家，年产值不过 3872 万元。这样的成绩的确难登大雅之堂。但是，正在摸索中的天津开发区，却以思想的活跃和对改革开放的大胆实践而闻名全国。

在这样一个历史节点，邓小平同志来到了天津开发区。1986年8月19日，邓小平从北戴河乘火车到天津视察。他一下火车就对前来迎接的天津市市长李瑞环说："我要看看你们的开发区。"

当时开发区没有专门接待国家领导人的地方。管委会找到丹华自行车厂，借用食堂简单布置了一下，会场的沙发家

邓小平同志题字

具都是从职工家里借来的。但是一代伟人睿智的目光，感受到了盐碱荒滩上正在发生的深刻变化。邓小平同志敏锐地指出："你们在港口和市区之间有这么多荒地，这是个很大的优势，我看你们潜力很大。可以胆子大点，发展快点。"

据当时陪同邓小平考察的开发区管委会副主任叶迪生回忆说："开发区管委会向他汇报开发区一年多来所做的工作，总共有十个问题，其中有关于外汇调剂、审批权限、计划经济的束缚，等等。邓小平仔细地听，不时颔首微笑。后来，有人大胆地问：'办事这么难，咱们国家对外开放政策是不是要收了？'现场霎时一片寂静，大家都把目光投向邓小平。这时，邓小平抽着烟，他的女儿邓琳对他大声重复了一遍。邓小平同志激动地说：'不，对外开放还是要放，不放就不活，不存在收的问题！'话音刚落，在场的人都朗声笑了起来。"

汇报会结束后，邓小平同志欣然题词："开发区大有希望"。这几个字极大地鼓励了开发区开拓者的信心，开发区由此开始了快速发展。

1. 《天津经济技术开发区管理条例》

中国改革的经验证明，对旧体制的最初突破，往往发生在旧体制最疏于防范的地方。天津开发区的选址正体现了执政者对中国国情的深刻洞察和支持改革的良苦用心。

与上海在市中心兴建开发区并把日后的建设重点放在与中心城区浦西一江之隔的浦东不同，天津开发区乃至后来发展成的滨海新区，距离天津市中心城区都有 50 千米之遥。这其中固然有靠近港口，土地资源丰富等有利条件，但远离主城区的城市依托，天津开发区在发展中付出了巨大的基建、绿化、通勤等成本。从某种程度上，这是为了改革而付出的代价。

开发区的功能，决定了主要目标是发展经济。在 14 个沿海开放城市兴建开发区之初，中央就给出了明确要求，就是远离母城区，选择空间上易于隔离，便于封闭的地方。从这个意义上说，天津开发区将政策执行得相当彻底，不但选址距离遥远，而且其所处的塘沽盐场三分场，在开发之前只是低效益的盐池。因此，在开发区管理体制的设计上，催生出了高度精简高效的"管委会"的体制。有了体制的保证，转变政府职能、以企业为核心的政企关系等一系列改革创新才得以进行。

不久，通过地方立法的形式，颁布了《天津经济技术开发区管理条例》，并在生产三要素——土地、资本、劳动力三个方面率先同时立法。这四个地方性法规被称为天津开发区立区的"四大支柱"，将开发区的改革试验纳入了法律体系的保障中，对日后的发展起到了无法估量的作用。

这种以立法形式保证外向型经济发展的做法，体现了当时的天津市领导对开发区这个新生事物的深刻理解和高屋建瓴的远见卓识。

2. 报国理想　奉献精神

1984 年，与"开发区"这个新生事物同样年轻的是天津开发区的建设者。他们之中，有放弃了优厚的职位和待遇，义无反顾投身建设的人；

也有刚走出校门，"文革"中经历了磨难洗礼的第一批高等院校毕业生，他们都曾把青春与开发区的初建紧密地联系在一起。

与自然条件的恶劣和物资条件的艰苦相对照的，是年轻的建设者们朴素纯真的报国理想和不计较个人得失的奉献精神。因为他们把追求理想，参与创建新体制，干一番事业作为人生最高价值。"腾飞只为千秋业，崛起乃图百日强"的诗句便是对他们的真实写照。

理想主义的精神特质被传承下来，连同与外商打交道形成的外交家般的风范与魄力，以及科学严谨的行事风格，烙印在了天津开发区历代领导者的身体力行上，也由此带动了一代又一代建设者，弥补了客观条件的诸多不足，使天津开发区高速发展，在全国开发区中脱颖而出，领先至今。

3. "仿真国际环境"

天津开发区是全国唯一没有接受政府财政补贴的开发区，在开发区创业阶段，土地是开发区唯一的原始资本。

于是，围绕着土地开发，开发区人用 3.7 亿元专项低息贷款，开始了"负债开发"。到 1987 年底，天津开发区在这块土地上所创造的工业总产值已近 19 000 万元，他们第一次有了 1100 多万元的财政收入。有了钱意味着有了实力。天津开发区一方面开始还本付息，一方面用自有资金，再开发约 5 平方千米的土地，以承接越来越多的投资项目。

项目的进驻又增加了区内财政收入，有了收入再扩大土地开发，这种做法被开发区人称作"自我滚动开发"。

与土地开发几乎同步进行的是产业开发。要想吸引大项目、好项目，必须有投资环境的概念。如果说开发区人的土地开发模式是"逼上梁山"的改革探索，那么投资软环境的打造，则是开发区人深思熟虑的大胆创新。

开发区在建区之初，就非常重视投资环境，由于其外向型经济的特点，在全国首先提出了"仿真国际环境"的目标，并且直接喊出了"投资者是帝王，项目是生命线"的口号。可喜的成果表明，天津开发区人的改革方向是正确的。

1986 年 6 月，美国驻中国大使馆商务参赞黎成信等受邀访问天津经济技术开发区，他们在一片仍然简陋的盐碱荒滩上，对天津开发区留下了深刻印象。回去后立刻著文说，"天津经济技术开发区正在崛起……天津的领导层不保守，思想很开明，对来华投资感兴趣的

开发区新投资服务中心

商行应该参观一下天津经济技术开发区”。

　　谁曾想到这份直达美国白宫的报告，间接影响了一个企业在中国的投资走向，也为开发区的发展揭开了新的篇章。这个企业就是日后人们耳熟能详的摩托罗拉公司。

4. 摩托罗拉公司投资的拉动作用

　　1992 年，美国的摩托罗拉公司决定在天津经济技术开发区投资 1.2 亿美元投资。在当年，这是个掷地有声的数字。因为在这之前，还没有一个外国企业敢于在中国书写如此大的手笔。

　　摩托罗拉公司投资项目的成功引入，是天津开发区战略上的一次非比寻常的成功，与天津开发区的发展紧紧联系在一起，成为开发区历史上浓墨重彩的一笔。

　　1992 年，邓小平同志“南巡”进一步坚定了坚持改革开放的决心，外商企业也终于被允许在中国境内独资经营。大环境的利好，使摩托罗拉公司在经过长达 4 年的市场评估、社会调研之后，最终选定在天津开发区注册成立摩托罗拉（中国）电子有限公司，第一期投资 1.2 亿美元，成为当时中国投资额最大的独资企业。后来又不断增资到 7 亿美元，再增资一直到 35 亿美元，在不到 20 年的时间里，摩托罗拉公司就在中国取得了令人刮目相看的出色业绩。如果你想知道在 14 个沿海开放城市和 5 个经济特区中，为什么摩托罗拉公司会选址天津开发区，时间必须追溯到 1986 年。

　　1986 年，时任开发区副主任叶迪声，时常苦苦思索，夜不能寐，使他如此伤脑筋的就是开发区的招商引资大计。

在改革开放的初期，到底如何招商引资还是一件摸着石头过河的事，而如何实现好招商引资战略，则会更深远地影响到日后打造产业结构。由于第一批开放的 4 个经济特区都与香港、台湾地区等开放经济区域比邻，所以当时招商引资的目标都是港资、台资企业。虽然那些"三来一补"的来料加工型企业都规模有限，但在当时都是炙手可热的"香饽饽"。刚建立的开发区首先想到的都是效仿经济特区，天津开发区也不例外。所以天津开发区一建立，就派了招商团队去了香港，但没有地缘优势就没有成本优势，结果显然并不理想。困难面前，天津开发区人提出了一个大胆的想法，即日后对开发区发展至关重要的"跨国公司引进"战略。开发区人首次把目光投向了欧美、日韩等发达国家。这在当时是一个意识超前的创举，时任天津市市长李瑞环同志对此表示了支持。

同样是在 1986 年，摩托罗拉公司董事长罗伯特·高尔文第一次访华。回国后，他立刻决定把中国作为最重要的战略性投资国。1987 年 10 月，摩托罗拉公司执行副总裁林宏姆和副总裁赖其森带队访华，进一步考察投资事宜，目的地之一就是天津经济技术开发区。经过反复比较，摩托罗拉公司决定在天津开发区和厦门两地选择投资基地。

此时，一个人起到了关键作用，他就是叶迪生。叶迪生是年轻的天津经济技术开发区的管委会副主任，但更是一名半导体、电子工业领域的科技标兵。为了争取到摩托罗拉公司投资，他前往摩托罗拉公司美国总部，面见摩托罗拉公司高层领导，介绍了当时中国通信产业的现状和可观的市场前景。他的专业、执着和认真以及对于摩托罗拉产品的熟悉，与其说是打动了那些摩托罗拉高层领导者，倒不如说是给了他们投资中国的极大信心。时任天津市长李瑞环在宴请摩托罗拉高层时特别指出："全国也找不出第二个像叶迪生这样懂得你们产品的人，开发区是专门为解决你们的问题而存在的。"最终，摩托罗拉公司 7 个董事最后投票结果是 4 比 3，投资对象选择了天津。

5．"泰达"品牌的创造

随着一个又一个大项目的引入，天津开发区经济实力迅速壮大，成为拉动滨海新区以及天津市经济快速发展的强劲力量。截至 2013 年，天津开发区已经在商务部组织的国家级经济技术开发区综合发展水平评价中，连续十五年夺冠。

骄人的成绩磨砺出了响亮的"泰达"品牌。1992 年，天津经济技术开发区在全国率先建立和运用区域识别体系，开创中国 CIS 理论在某一特定经济区域运用之先河，确定了"泰达"为区域的特定称谓。"泰达"是英文名称 Tianjin Economic–Technological DevelopmentArea 缩写"TEDA"的音译，在中国传统文化中具有安泰、通达之意。很快，"泰达"品牌就成为了一流服务能力、招商能力和融资能力的象征，成为朝气蓬勃、高速增长的代名词，在国内外享有很高的美誉度和知名度。

如今，天津开发区已经成为我国经济规模最大、外向型程度最高、综合投资环境最优的国家级开发区，成为我国北方最富有活力和最现代化的工业新城区和外商投资企业在华投资回报率极高的地区之一。

1. 建设渤海湾里的北方大港

渤海是我国的唯一内海，而且是首都北京的海上门户。作为陆海连接的交汇点，渤海湾不以"海"见长，而以"陆"闻名——广阔而丰富的腹地资源一直是它最大的优势。当传统的内河文明逐渐融入海洋时代，渤海湾的地理位置使其战略地位日渐显要，也因此迫切需要一个与之匹配的北方大港。而这个北方大港的构想，早在100年前，就已被民主革命的先行者孙中山酝酿在他的建国大计中。

1919年2月，青年时期的毛泽东因为要为同学蔡和森送行而途径天津。他第一次来到大沽口，在春寒料峭中赋诗，"苍山辞祖国，若水望林封"。而此时的孙中山，在上海香山路7号的寓所内长长地舒了一口气，缓缓收起了摊在地板上的地图。经过两年沉淀，孙中山先生走遍中国大江南北，将所有实业救国思想凝结而成的书稿《实业计划》，终于完成。在书中他共论述了六大计划，第一个就是建设北方大港。

孙中山在书中指出，"兹拟建筑不封冻之深水大港于直隶湾中""直隶、山西、山东西部、河南北部、奉天之一半、陕甘两省之泰半，约一万万之人口，皆未尝有此种海港"，因此"中国该部必需此港，国人宿昔感之，无时或忘。"

这个北方大港的选址，如果从自然条件来看，正像孙中山当年的考察和论断一样，"（天津大沽、岐河口）距深水线过远而淡水过近，隆冬即行冰结，不堪作深水不冻商港用"。"兹所计划之港，为大沽口、秦皇岛两地之中途，青河、滦河两口之间，沿大沽口、秦皇岛间海岸岬角上。"

渤海湾里的确不乏深水良港，比如沉睡了50多年，近十年才开始开发的曹妃甸。曹妃甸水深岸陡，不淤不冻，岛前500米水深即达25米，深槽达36米，是渤海沿岸唯一不需开挖航道和港池即可建设30万吨级大型泊位的天然港址。仅就自然条件而言，曹妃甸比现在的天津港优越许多。

但是，彼时的天津是名副其实的北方经济中心和国际贸易的中转枢

1952年10月17日天津新港开港

纽。仅就晚清的中俄茶叶贸易而言，虽然闻名于世的中国茶叶产于南方，可以顺理成章地由产茶地经中国南海、印度洋、苏伊士运河、黑海运至敖德萨；但是事实上，绝大部分运往俄国的茶叶都是通过汉口等地经上海至天津转运通州，然后走陆路经张家口、恰克图运往俄罗斯腹地。因为通过这种运输方式，不但节省时间、大幅降低运费，且茶叶味道要比通过炎热赤道的长程海运的茶叶好得多。因此，在自然水域条件和地理位置中权衡，天津便捷连通腹地的优势，对于建设腹地型港口的重要程度显然更大。

天津新港位于渤海湾上的海河入海口，是渤海湾湾底的中心，与中亚和欧洲同处于北纬38度以北，经度又小于俄罗斯远东地区和我国东部沿海的其他港口，是环渤海港口中与华北、西北等内陆地区距离最短的港口，也是距离欧亚大陆腹地和欧洲最近的太平洋港口。

2. 天津港的建设、改革历程

在渤海湾的淤泥中矗立起来的天津港，是个特殊的港口。作为我国第一大人工港，"人工"两个字就是天津港成长的基调。建设天津港决非易事，地质松软、泥沙回淤和冬天冻港，曾经是困扰天津港发展的三大技术难题。在1939年之前，从没有人想过能够在这片淤泥浅滩上修建港口。后来虽然开始修建，但由于工程浩大，战争不断，经过日本占领和国民党统治时期，历经十载始终未能正式使用。1949年由人民政府接管时，天津港已经几乎成为"死港"。

新中国成立后，党中央以极高的战略眼光，将孙中山先生"北方大港"的梦想锁定在天津塘沽新港。在百废待兴，万业待举之时，不顾诸多不利条件，立即着手对天津港进行大规模建设。从1951年到1973年，横跨20余年，先后经过三次大规模建港，攻克了许多人工港口建设的世界性难题，使天津港成为新中国成立后第一个自主扩建成型的港口，也

是中央直管大港。改革开放后，又是天津港首当其冲，成为我国第一个"下放地方""以港养港"的改革试点港口。

然而，随着国际航运船舶大型化的趋势，从20世纪70年代开始，天津港港口规模和吞吐能力明显滞后，成为国内"三压"[1]问题较严重的港口之一，而且一压就是十多年。

时任天津港局长祝庆缘直言不讳地提出，造成"三压"的根本问题，在于港口的体制，也就是港口本身自主权问题。之后，天津市政府向国务院递交了天津港的改革方案。1984年6月1日，天津港的改革方案获批，十六字方针"双重领导，地方为主。以收抵支，以港养港"成为天津港起航腾飞的"金翅膀"。

港口下放之后，首先要解决的就是"三压"问题。然而在资金十分有限的情况下，怎么把钱用在刀刃上，对于天津港是一个生死攸关的抉择。

扩建码头，虽然稳妥，但是见效慢；更新设备花费大，有风险，还可能被扣上"崇洋媚外"的大帽子。在关键时刻，一直关心港口发展的时任天津市市长李瑞环同志提出"先救命，再治病"的原则。于是，放下顾虑，放开手脚的天津港，立刻购置进口机械，更新生产设备，使自身产销率成倍提升。科技的力量使天津港吃到了甜头，并且立即在全国的港口引起轰

---

1 指压船、压货、压港问题。

第八章

滨海新区

209

动，纷纷效仿。

　　"保住命"之后，第二步就是"治病"——扩建码头。可是资金从哪里来？为了解决资金短缺，天津港又一次走在了全国改革前沿，采用内部债券、股票上市的方式，集资筹款上亿元。困扰天津港多年的"三压"问题终于得到解决。

　　更重要的是，通过解决"三压"问题，天津港人解放思想，励精图治，确立了全国港口改革的领头位置，也开创了港口全面开发开放的新局面。

3. 规模化、深水化发展的探索

　　当天津港自身的改革向前大跨步迈进时，当时整个社会环境仍然纠结在计划经济时代的范式中。最突出的问题，就是港口对于"黑白二货"的分工经营。

　　当时，在全国的港口仍然恪守着"黑白"的界限，小心守护着各自领地的时候，天津港这个原本的"白货"港口，毅然决然开始涉足煤炭、矿石等"黑货"。

　　当天津港把"黑货"越做越大、吞吐量节节攀升之时，又立即放眼世界，发现了港口集装箱化的趋势，于是开始在集装箱上下功夫，很快成为我国"集装箱第一港"，率先抢占了港口发展的制高点。

　　当港口的规模突破亿吨大关，扶摇直上之时，天津港又将发展的重点锁定在了深水化建设，打破"深水深用，浅水浅用"的观念束缚，先后完成10万吨级深水航道、15万吨级深水航道和20万吨级深水航道建设。25万吨级航道工程的建成，使天津港的航道水深达到19.5米，实现凡能进入渤海的船舶，都能进入天津港，创造了在淤泥质海滩建设深水港的先例。天津港已经成为世界上等级最高的人工深水港，可以比拟世界第一大港鹿特丹。

　　先天的劣势，并没有影响天津港建成北方大港的脚步，反而催生了很多填补空白的新观念、新技术和新机制。比如审时度势，科学决策，敢为人先，主动出击，等等。港口的建设者认为，这些才应该是创造港口神话最强劲的推动力。

　　迄今为止，天津港历经恢复生产、曲折徘徊、稳步增长、快速发展和跨越发展五个时期。

　　重新开港以后，天津港年吞吐量从74万吨到1000万吨，整整奋斗了22年；之后突破2000万吨又用了14年。20世纪90年代中后期，改革开放发挥了效力，天津港以吞吐量每年1000万吨的速度攀升。2001年11月15日18时，天津港奏凯亿吨，一举奠定中国北方

俯瞰天津港

第一大港的地位。时至 2011 年，天津港全年货物吞吐量累计超过 4.5 亿吨，在全球港口货物年吞吐量排名中列第四位。然而，4.5 亿吨对天津港来说，不是巅峰，只是又一个高峰。

4. 东疆港的建设历程

2010 年 7 月 31 日，从中国母港出发的规模最大的豪华游轮——著名的美国皇家加勒比邮轮有限公司旗下的"海洋神话"号，驶离天津母港，开启了继香港、上海后中国第三处母港航线。该邮轮全长 260 多米，7 万多吨，可载客 2000 多人。甲板楼层高达 11 层，总造价达 3.25 亿美元。天津国际邮轮母港位于天津港东疆港区南端，是目前亚洲设计规模最大的邮轮母港；2010 年 6 月 26 日开港当天，意大利歌诗达"浪漫"号，就以这里为母港进行了首航。作为欧洲排名首位的邮轮公司，意大利歌诗达邮轮集团也是第一家进入中国市场的邮轮"大鳄"。

国际邮轮母港的建立，只是东疆保税港从天津迈向世界的标志性举措之一。这个在浅海滩涂上规划面积为 10 平方千米，战略定位目标直接瞄准在滨海新区建立"北方国际航运中心和国际物流中心"的东疆保税港区，代表了天津港顺应国际港口发展趋势，超前规划布局的重要战略。

目前，国际上实行"境内关外"口岸监管政策的自由贸易港区已有 600 多个，是各国参与国际经济一体化的重要方式和载体。为了更深层次参与国际贸易和分工，中国保税港叠加了港口优势和海关特殊监管政策，是中国探索建立自由贸易港区的"过渡身份"。2005 年 6 月，国务院批准上海洋山港建立我国首个保税港。

与洋山保税港相比，东疆保税港三面环海，一面与陆地相通，更便于封闭管理；同时，作为联通欧亚大陆桥的桥头堡，对加强与东北亚国家地区的经贸合作，建立符合市场经济和世贸组织规则要求的涉外经济管理体制和运行机制，有着不可替代的地位。事实上，早在 1987 年，东疆港便已纳入交通运输部和天津市人民政府联合批准的天津港总体规划。2003 年，天津港集团启动了东疆保税港的规划研究工作，最终，英国伟信公司的"碧海蓝天新港岛"方案中标。

2006 年 8 月 31 日，东疆保税港终于获批设立，成为全国第二个保税港区。

保税港区在我国是个新鲜事物，其发展模式只能一点点摸索。获批后的东疆保税港准备大干一场，但是很快发现实行"拿来主义"、把国际上成熟的通行经验简单照搬，是根本行不通的。自由贸易港区最为基础的"四自由"，即"货物流通自由""资金流动自由""企业经营自由""人员进出自由"，在我国仍然属于海关、公安、进出口检验检疫等多个国家直属部门的严格管理范畴。很快，东疆保税港区把目光锁在了产业发展上进行突破。

纵观全球，处于不同发展阶段的航运中心都有鲜明的产业特征。

劳动密集型港口，主要经营码头、集装箱堆场、仓储、货运、报关、物质供应、船员劳务等附加值低的港口服务业，侧重于吞吐量为衡量指标。我国的港口大多处在这一发展阶段。

资本密集型港口，发展邮轮经济、货物运输、船舶租赁、拖船作业、航运教育与研发等海运服务业。以作为全球航运服务中心的中国香港地区和新加坡为代表。

知识密集型港口，发展航运交易及服务业，包括船舶注册与管理、航运交易、航运咨询、航运金融、海事仲裁、海损理算、航运组织等，其中心仍然在以伦敦为代表的欧洲。

随着国际航运业务的重心正由欧洲逐步转移到亚洲，亚洲正需要一个能够为船东及船舶管理者提供包括金融服务在内的一站式服务的航运中心；而成为国际航运中心的关键，就在于能否在以"航运融资"为主的高端航运服务业发展中具备竞争优势。

摸索中的东疆港，敏锐地瞄准了"航运融资"这个方向，依靠滨海新区先行先试的综合配套改革优势，建立了全国首个船舶产业基金，充分发挥其作为产业资本和金融资本结合体的优势，通过出让和租赁等方式运营，为航运企业提供股权、债权等投融资服务，有效地扶持了航运业和造船业的发展。在2009年底，签下国内融资租赁的第一笔单子，从而打破了"SPV租赁"国际资本在我国的垄断局面。到2010年底，东疆港已实现单机单船25架、30条、37亿美元的融资租赁业绩，融资租赁业务已形成100亿元的资产规模，占全国半壁江山。

而在国家层面，对东疆保税港区也给予了最大限度的支持。2011年5月10日，国务院批复了《天津北方国际航运中心核心功能区建设方案》，使东疆保税港成为我国政策支持力度最大、政策覆盖面最广、政策系统性最强的国际航运和金融租赁业的发展基地。

21世纪的天津港，正以恢弘的气势，在渤海湾里筑起南疆、北疆、东疆、海河四道脊梁，繁忙的作业码头吊桥林立，30万吨超大巨轮自由进出港口，通航世界。这样一幅壮丽的景象，正是当代天津海洋经济、海洋文化快速发展的典型写照。

天津港保税区

1. 中国第一家保税仓库

在 20 世纪 90 年代初，与天津经济技术开发区一同进入国家级经济功能区的，还有天津港保税区。

很长时间以来，"开发区""保税区"成了两个形影不离的词汇，甚至在开发区管理委员会的服务模式上，也是相互比照参考；在成立工委时干脆用了一套班子，简称"开保工委"。因为，这个工委是中国对外开放、参与国际一体化进程的最主要的载体，是天津在全国重振雄风的希冀。

天津港保税区作为中国 20 世纪 90 年代批准的第一批保税区，在史无前例的情况下，探索出了一整套将国际通行惯例与我国国情相适应的海关特别监管模式，为引领中国北方的对外开放起到了重要服务作用。

说起天津港保税区，不得不追溯到它的前身——天津港保税仓库的建立。

改革开放以后，邓小平同志曾提到在中国再建一个"小香港"的设想。当时的天津港领导班子思想都很解放，大胆提出"创建港口保税区、建立自由港"的发展战略，直指"小香港"的设想。此时正是 1987 年，有着百余年历史的荷兰渣华集团打算在广州、上海、天津三地寻找一处港口，建立合资保税仓库。这个消息被天津港人敏锐地捕捉到，并视为开始自由港战略的重要契机。经过一年多反复、艰苦的谈判，渣华集团终于选择在津落户。

1989 年 5 月，我国第一个港口公用性保税仓库——天津港商业保税仓库正式投入使用，简称 CBW。

保税仓库是经海关批准，在当地税务机关监管下，专门寄放暂时免征进口税和国内税的外国货物的场所。虽然在国际上，保税仓库只是保税业务形式中非常初级的"小儿科"，但是在我国还没有先例，在全国港口中又是第一个，完全是个新鲜事物。因此，保税仓库建立后如何管理、有什么功能？没有经验可以借鉴，是个全新的课题。

经过反复的研究讨论，保税仓库在管理制度上，实行了国际通行的董事会领导下的总经理负责制，由中国、荷兰两国人员分别担任领导。

在功能构架上，逐步实现进口寄售、出口退税、中转过境等功能。特别是进口寄售功能，可以在进口货物在中国没有买主的情况下，寄放到保税库里，保留关税，这种方式在其他国际港口是做不到的。

保税仓库的成功运营，使得天津利用港口优势建立保税区甚至自由港的梦想变得越加清晰。而在 20 世纪 90 年代初，正是国家全力支持浦东开发开放的时期。1990 年 9 月，我国第一个保税区——上海外高桥保税区，经国务院批准在上海浦东开始建设。这个消息表明国家释放了明确的进一步对外开放的信号，同时，天津方面则感到了逼人的紧迫感。1991 年 1 月，时任国务院总理李鹏视察天津保税仓库，给予了充分肯定。天津抓住了这个时机，趁热打铁，立刻写报告给中央，申请在保税仓库基础上辟建天津港保税区。1991 年 5 月 12 日，国务院特批，天津港保税区成立，成为中国继上海外高桥后成立的第二个保税区。

2. 建设有中国特色的保税区

天津港保税区位于天津港港区之内，开发面积 5 平方千米，是中国华北、西北地区唯一的、也是中国北方规模最大的保税区。

在 1991 年天津港保税区获批建设后，在没有国家一分钱投资的条件下，建设者们披荆斩棘，快马加鞭，滚动发展，终于第一个完成保税区封关运作，第一个实现首批企业入驻，第一个获准二期扩区，创造了区港联动、多式联运、直提直放、快速通关等新模式，开启了中国特色自由贸易区的破冰之旅。

作为高度开放的特殊经济区域，保税区具有国际贸易、现代物流、临港加工和商品展销四大功能，享有海关、税收、外汇等优惠政策。天津保税区的建立迅速吸引了国内外物流加工企业的目光。

1991 年 10 月 11 日，天津港保税区在人民大会堂隆重举行首次招商会，中外投资者云集，当场就有几十家企业提出到天津保税区投资的意向。从这一天起，保税区有了两个纪念日：5 月 12 日建区纪念日，10 月 11 日正式招商纪念日。每年，保税区人都以不同的方式纪念这两个日子。在此后的一年之内，在保税区投资注册的企业超过千家，初步形成了国际贸易进出口货物保税储存、出口加工、金融服务功能齐全的特殊区域。

经过 20 年的不懈努力，截至 2011 年，天津保税区已经聚集了包括美国 UPS、德国大众、德国奔驰、瑞士名门、瑞士地中海、丹麦马士基、新加坡叶水福、日本丰田通商、香港东方海外、香港嘉里等世界著名公司在内的 5000 多家国际贸易和物流企业，十几类大宗商品交易和分拨中心。中国北方最大的国际贸易和物流中心初具规模，服务和辐射"三北"十三个省、自治区和直辖市。区内 3000 多家贸易公司，与世界 100 多个国家和地区保持贸易往来，进出口总额每年以 50% 以上的速度增长。保税区以保税为特色，以临港为依托，形成了国际贸易、现代物流和出口加工三大主导产业，成为全市对外开放的重要窗口和新的经济增长点，在环渤海区域乃至中国北方经济发展中发挥着重要的服务、辐射和带动作用。

沿着京津唐高速公路延长线——泰达大街一路向东驶去，一个巨大的现代化白色柱体结构映入眼帘，这就是天津港保税区的区门。这个特别的标志，是为纪念天津保税区建立 5 周年而设的，也是保税区开放进取的形象表达。

3. 海、空两港联动

当全球迈进 21 世纪之时，天津港保税区已成立近 10 年，5 平方千米的面积亦已开发完毕。想要进一步发展，却面临无地可用的瓶颈。与此同时，在经济全球化背景下，空港物流以其快捷、安全、准确等独特竞争优势，已成为现代物流中的经济增长点。所以，一个重大的决定在天津市委、市政府的支持下诞生了。天津港保税区决定延伸海港保税功能，于 2002 年 10 月 5 日设立了空港物流加工区，作为保税区的扩展区，实现了海、空两港联动。

2005 年 5 月 19 日，天津港保税区把海港保税区的 1 平方千米土地，置换到空港物流加工区，为空港增添了保税物流功能，建立起中国首家空港保税区，并由此掀开了快速发展的崭新篇章。

2009 年底，保税区与天津市实验小学、天津市第一中学签署协议，共建加工区第一所九年制义务学校。此外，该区又与东方剑桥教育集团达成共识，共同合作建设加工区第一所幼儿园；同时与天津医科大学达成意向，将医科大学的资源延伸到空港，在区内打造一所具有国际水平的国际医院。

2010 年 2 月 8 日，经天津市委、市政府决定，作为保税区扩展区的天津空港物流加工区，正式更名为"天津空港经济区"，成为滨海新区距市区最近的经济功能区。

作为紧密衔接中心城区和滨海新区的区域，以及依托空港独特的地理优势，使其在规划之初就摒弃了传统的工业区模式，而直接瞄准了现代城市形态。正像保税区管委会副主任尉永久所说的，他更喜欢用"城市会客厅"来比喻空港。

要想打造先进的城区，如何聚集城市资源是个难题。面对这个难题，保税区人选择了借势而上。

如今，走进空港经济区，一栋栋现代化办公大楼已拔地而起，银行云集，酒店林立。2010年，空港经济区实业园区和目的地消费商圈建设全面启动，全球最大的单体购物中心——SM滨海第一城，意大利风格主题公园广场——国际时尚品牌城，独具特色的千米法式风情街相继开工，形成了占地一平方千米的高端现代商圈。一个集消费、休闲、居住为一体的临空新城，正在滨海新区的西部片区崛起。

2010年11月8日上午11时08分，由位于天津港保税区空港经济区的中航直升机有限责任公司天津基地完成总装的两架直升机（AC311和AC301）缓缓离开地面，成功实现首飞。这是天津保税区空港经济区航空航天产业发展中的历史性一刻。

不久，首架保税区产空中客车A320型飞机交付使用和起飞，这是天津航空航天产业发展历程上的又一个里程碑。截至2010年，天津空港经济区已吸引航空项目30多个，总投资30多亿美元，包括中航工业直升机产业化基地、中国直升机总部和总装公司、空中客车A320系列飞机总装线、美国古德里奇航空结构服务（中国）有限公司、PPG航空涂料公司、西安飞机工业有限责任公司机翼总装厂房、海特飞机维修基地等。同时，园区加强了产业链招商力度，吸引了卓达宇航、德国汉莎航空公司酒店、海航租赁控股、空中客车公司物流中心等一批航空服务业企业落户空港经济区，基本形成涵盖飞机总装、维修、研发、零部件制造、航空租赁、物流和服务等领域较为完整的航空产业链。

从海到空的飞跃，对于天津港保税区有着划时代的意义。不仅土地面积从5平方千米猛增到73平方千米，发展方向也从"三大功能"到"一城三园"，实现了由单一的保税区向综合经济区的转型；经济发展在20年间，保持年均增速42%；到2010年已达到生产总值640亿元、财政收入114亿元的经济总量。

决策滨海中国
发展的大战略

1.十年建成滨海新区

　　1994年初春，在国家实行浦东新区开发开放战略两年之后，在如期召开的天津市人大常委会第十二届二次会议上，首次提出了"用十年时间基本建成滨海新区"的目标。基本建成的标准是滨海新区的地区生产总值和对外出口总值占全市的40%以上。这是一项改变天津前途命运、影响中国发展战略的重大决策。

　　天津发起的这场"自费改革"，以"自我命名，自主建设，自我发展"为特征，在十余年后的2005年，终于获得国家认可、并成为不同于浦东新区，更容易被借鉴的模式和样本。时至今日，在中国成立新区已经是个并不新鲜的概念。截至2012年初，全国已有各级新区25个，有国家级的、有省一级的，还有地方级的。但是把时间推向20世纪90年代初，建设新区仍然是个新鲜事物。

　　在1992年国务院决定对浦东新区进行全面开发开放以来，先后有不少沿海开放城市准备效仿着浦东路径，把已发展到一定水平但面临瓶颈的开发区进行新的拓展，纷纷在原来开发区、保税区的基础上进行全新规划，试图打破原有的行政区界，延续开放政策，破解开发区二次创业的难题，分散中心城区人口和职能，以此打造城市经济新的增长点。

　　天津滨海新区在规划之初，延续了"向海而兴"的发展战略，紧紧锁定天津东部沿海，在起步区350平方千米的范围里，把天津开发区、保税区、天津港全境等对外开放程度最高的所有区域，悉数囊括其中，并且对中心市区的工业采取战略东移，以全力支持滨海新区的产业集聚。

　　天津滨海新区在自我发展中逐渐意识到，地理位置、交通条件、工业基础等固然重要，但对于新区的发展并不会起到决定性的作用。天津搞滨海新区的真正优势，恰恰是天津作为直辖市的地位以及省级的行政权力。严格说，在东部沿海城市中，只有天津建滨海新区才能和浦东新区相提并论，才能在现行体制下有足够的自主制度创新的权力空间。

　　除此之外，天津滨海新区还有一张王牌，那就是广阔的土地资源，尤其是大片的荒地、盐碱地、不毛之地。在滨海新区2270平方千米土地当中，现有耕地 496 平方千米，其中基本农田 390 平方千米，仅占全区总土地面积的 17%。由于盐渍化土地面积大、程度重，加之长期污水灌溉和施用有机氯农药，土壤重金属污染和有机污染问题突出，相当一部分农田已不适宜种植农作物。而在未利用的土地中，多是寸草不生的光板地。

由于天津滨海新区充分发挥了自身的优势，最终被纳入国家发展战略。

2. 崛起的第三增长极

2005 年 10 月下旬，中共中央十六届五中全会召开，天津滨海新区第一次被写进了《中共中央关于制定国民经济和社会发展第十一个五年规划的建议》，由此标志着天津滨海新区与浦东新区一样，一跃成为国家级新区。

2006 年 5 月 26 日，国务院《关于推进天津滨海新区开发开放有关问题的意见》（国发〔2006〕20 号）发布，对滨海新区开发开放做出全面部署，批准滨海新区为全国综合配套改革试验区，赋予先行先试的政策和任务。同时明确了天津滨海新区的功能定位是：依托京津冀、服务环渤海、辐射"三北"、面向东北亚、努力建设成为中国北方对外开放的门户、高水平的现代制造业和研发转化基地、北方国际航运中心和国际物流中心，逐步成为经济繁荣、社会和谐、环境优美的宜居生态型新城区。

2006 年 8 月 26 日，第二届沪津深三城论坛在天津滨海新区召开。此前不久，也就是在 6 个月前，这个由深圳综合开发研究院、上海社科院和天津滨海综合发展研究院共同发起主办的内部学术论坛，刚在深圳举办了首届。

这个以三地改革为主题，官员与学者、政治与经济相得益彰的论坛，在众多"学术搭台，官员唱戏"的论坛中显得与众不同。因为"谢绝媒体"被这个论坛列为首条原则，但这并不影响论坛对于决策层的影响力；事实上，三地的决策者，始终是该论坛的主要推动力量。深圳、上海浦东和天津滨海新区在 2006 年这个时间节点，建立起这样一种经常性的沟通对话机制，共议发展大计，恰逢其时。

由此，天津滨海新区与深圳特区、上海浦东新区共同构成了环渤海地区、珠江三角洲、长江三角洲开发开放、区域崛起的"支点"。某种意义上说，沪、津、深"三驾马车"运行的方向、速度，也暗合或象征着整个中国改革的进程。三地的先行先试，共同构成对中国社会、经济和历史发展的深远影响。

2014 年 12 月 3 日，天津总装线完成总装的第 200 架空中客车 A320 系列飞机交付（CFP供图）

3."空客"落地空港

2006 年对于滨海新区是载入史册的一年。

距国务院《关于推进天津滨海新区开发开放有关问题的意见》公布仅两个星期之后，2006 年 6 月 8 日，国家发展改革委就宣布了空中客车公司（简称"空客"）A320 系列飞机总装线项目落户滨海新区的消息。天津由此成为继美国西雅图、法国图卢兹、德国汉堡之后，世界上又一个拥有大飞机总装线的城市。这个消息引来了全球瞩目。

"空客"为什么空降天津滨海新区？"空客"究竟能给滨海新区带来什么？

这首先是因为，此前天津远离中国支线和干线飞机制造企业的基地，航空业尚属空白，可以有效防止技术泄密和转移；与此同时，"空客"又坚决要求控股权，于是，"新起炉灶"成为天津空港吸引"空客"的极大优势。

事实上早在 2005 年，"空客"就将目光投向了中国。其对于迅速崛起的中国市场的渴望，与中国积累民用航空工业发展的经验需求不谋而合。当年 12 月，空中客车公司与国家发展改革委签署加强工业合作的谅解备忘录，其中包括在中国建立一条空中客车单通道飞机总生产线的可能。这一年的 10 月 16 日，中国民航总局在国内唯一一个国家级基地——中国民航科技产业化基地已经落户天津保税区。

2006 年，国务院下发文件，明确了天津滨海新区"高水平的现代制造业及研发转化基地"

的功能定位。而空中客车公司项目的意义，正在于向世人宣布，世界上最高水平的制造业正在向中国转移，而天津的滨海新区完全有能力承接。

"空客"落户滨海新区，为天津带来了航空产业的集聚效应。"空客"的成功运作，也标志着滨海新区在项目投资方面取得了突破性进展，对于产业链就是生命链的滨海新区，其长远影响不可估量。

航空产业需要庞大的配套产业群支撑和广泛的国际分工合作。据初步估算，航空工业涉及 70 多个学科和工业领域的大部分产业，每架大型飞机有上百万个部件。一个航空项目发展 10 年后，给当地带来的效益产出比为 1:80，技术转移比为 1:16，就业带动比为 1:12。作为国际一流的航空企业，空中客车公司与一级供应商早已建立起强大的风险共担的合作网络，绝大部分部件和零件生产等任务，已经外包给供应商承担，而自己专注于飞机制造中附加值最高的系统集成和总装工作。

随着空中客车 A320 系列飞机总装线项目落户滨海新区，美国、法国、德国和中国国内的近 27 家一流航空企业先后落户天津空港物流加工区，涉及飞机总装、维修、研发、零部件制造、航空租赁、物流和服务等多个领域。与此同时，新一代运载火箭基地、直升机生产研发基地、无人驾驶飞机项目也纷纷在津落户。一个开放型、国际合作与自主创新相结合的航空产业发展格局，正在天津滨海新区形成。

4. 融资租赁的异军突起

按照经济学的通行规律，一个区域的中心枢纽城市，必然是金融业和物流业繁荣的地方。滨海新区深知金融业对自身发展的重要，于是从一开始就把"以点带面"的金融创新放在改革的重点，并对试水 OTC（场外交易市场，又称"柜台交易市场"）和股权投资基金，寄予厚望。

但是 OTC 项目一直难产未果，前景愈发渺茫，而股权投资基金在津注册企业数量猛增的背后，却是实际带动效应"雷声大雨点小"的尴尬。这时，一股市场自发的力量却悄然生长，如一股清新的风，为滨海新区的金融产业发展带来了生机与活力，并以此在全国独树一帜。这就是融资租赁业。

融资租赁在发达国家是仅次于银行信贷的第二大融资渠道，目前全球近 1/3 的投资通过这种方式完成。然而由于缺乏必要的制度环境，融资租赁在中国的发展一路坎坷。直到

2005 年以后，中国融资租赁业才再度复兴，并呈现出迅速发展的态势。在 2006—2010 年的"十一五"期间，业务总量从 80 亿元增长到 7000 亿元，增长 86 倍，融资租赁在经济社会中的作用日益明显。而这一时期正是滨海新区纳入国家发展战略的时期。尽管滨海新区的融资租赁企业总数不到全国的 12%，但凭借着较强的行业实力和滨海新区的集聚效应，业务总量一直占到全国 20% 以上。特别是目前，滨海新区通过融资租赁渠道融通的资金，已经占到传统银行信贷渠道的 13%，远高于全国 1% 的水平，初步形成了"全国融资租赁看天津，天津融资租赁看滨海"的领先局面。

面对如此迅猛发展的态势，人们不禁要问：为什么融资租赁集中在滨海新区？到底什么才是滋养融资租赁的沃土？

其实，融资租赁企业和业务集中在滨海新区并不是偶然的，这是由融资租赁业的特点性质所决定的。融资租赁是具有融资性质和所有权转移特点的设备租赁业务，其行业本质是为大型制造业服务，该业务有利于企业资本流动与周转，解决企业资金瓶颈，特别是可进一步化解中小企业的融资难问题。目前，滨海新区已经形成以重工机械、船舶、飞机租赁业为特色的产业格局，完备的制造业产业基础成为融资租赁企业投资扎根于滨海新区的必备条件。

与此同时，天津滨海新区的政策跟进，也为融资租赁的发展提供了保障。天津在全国第一个出台促进金融租赁的地方性规章《关于促进租赁业发展的意见》，同时也是全国唯一的融资租赁公司船舶出口退税试点。2011 年，天津市高级人民法院还出台了《关于审理融资租赁物权属争议案件的指导意见（试行）》，进一步提升了天津市融资租赁业政策环境。

滨海新区的融资租赁业，正在日益发展和完善。

5. 达沃斯年会在滨海

滨海新区作为冉冉升起的中国经济第三增长极，博得了世界的关注，而滨海新区也急需将自身推向世界。这时，一个机会摆在面前，就是达沃斯年会夏季论坛。

达沃斯年会被公认为是国际上最为活跃的思想盛宴，论坛的中心内容永远闪耀着未来的气息，也启发着心灵的光芒。

达沃斯作为偏远的瑞士滑雪胜地，与天津距离 8000 千米之遥，且交通极为不便。从中国到达沃斯，需要辗转 16 个小时才能到达。即便如此，这一由克劳斯·施瓦布于 1971 年

天津梅江会展中心曾作为夏季达沃斯论坛主会场

创立的世界经济论坛，仍然在每年冬季定期在那里举行，那些因为交通而牢骚满腹的人，很快会被有趣的会议中心议题所吸引。由此，"达沃斯"如今几乎成了世界经济论坛的代名词，达沃斯年会也在世界上奠定了"第一经济论坛"的地位。

当世界经济论坛组委会决定把夏季达沃斯论坛放在中国举行并正在选址的消息传来，一位曾就职于天津开发区管委会，后在世界经济论坛总部工作的人士，在第一时间通知了天津开发区管委会主管招商工作的副主任张军。张军马上觉得这是一个很好的事情，于是决定以开发区的名义申请；不过，世界经济论坛表示，只能以城市名义主办。最终，信息上报到天津市领导。时任天津市市长戴相龙曾以中国人民银行行长身份，参加过世界经济论坛在北京举行的地区和行业分会，所以对于达沃斯论坛自然并不陌生，而且与论坛主席施瓦布还算熟识，自然全力支持天津申请。

2006年9月29日，世界经济论坛组织召开新闻发布会，正式宣布首届夏季达沃斯由大连承办，由天津承办第二届。此后由两个城市轮流举办。

2008年9月27日至28日，达沃斯夏季论坛在滨海新区国际会展中心成功举办。近90

个国家和地区的 1500 名代表政要、世界知名企业 CEO、新兴城市领导者、青年科学家、权威专家学者以及各国记者齐聚滨海新区，共话世界"下一轮增长浪潮"。其间，展开了八十多场互动会议和辩论，提出了大量的假设性和挑战性议题。比如，讨论什么事件可能引发下一次经济危机、未来 10 年数字医疗会不会普及、2040 年工业发展的能源和原材料消耗会有多严重、2050 年的城市生活如何，等等。

在滨海新区，透过夏季达沃斯年会捕捉到了世界发展的新特点、新趋势和新灵感，同时，也为天津滨海新区提供了一个与世界交流的难得机会，为提高滨海新区的国际知名度、国际化程度以及增加滨海新区的影响力，提供了广阔的平台和空间。

6. 滨海新区行政区的成立

滨海新区的行政体制之复杂是绝无仅有的。

在规划面积 2270 平方千米的土地上，有塘沽区、汉沽区、大港区 3 个行政区和天津经济技术开发区、天津港保税区等 9 个功能区，以及若干大型国有直属企业。这就决定了滨

2014 年 5 月 20 日上午，天津滨海新区行政审批局正式挂牌成立（CFP供图）

天津滨海新区行政审批局对外办公（CFP供图）

海新区的各个组成部分是相互不能统属、各自为政的松散联合体，缺乏归属感和向心力，而且在实际工作中的相互掣肘和竞争，越发明显地表现出来。

虽然 2006 年滨海新区上升为国家战略时，中央明确要求滨海新区建立"统一精简廉洁高效"的行政管理体制，但是，一直没有迈出实际统一操作的关键一步，直到 2009 年。

从 2009 年 10 月 21 日起，原天津市塘沽区、汉沽区、大港区三个行政区被撤销，取而代之成立天津市滨海新区。伫立在塘沽新港街的最高建筑、原天津港务局大楼，成为滨海新区政府办公大楼，滨海新区的体制改革圆满完成了。从 2009 年 12 月 27 日到 2010 年 1 月 10 日，滨海新区相继召开了党代会、政协会议、人民代表会议，四大领导班子全部选举产生。滨海新区初步形成了下辖 3 个城区、27 个街镇和 9 个产业功能区的管理构架。

与此同时，滨海新区分 4 批共承接了市级审批项目 269 个；将全区 495 个审批项目动态精简至 306 项；将审批事项要件由平均 7.4 个减至 5.1 个；审批事项平均办结时间由 8.75 天减至 5.74 天。

2013 年，天津市委、市政府决定进一步推进滨海新区行政管理体制改革，撤销了塘沽、汉沽、大港三个城区功能区；精简、调整了街镇，由 27 个减至 19 个；精简、调整了经济功能区，由 12 个精简为 7 个管理主体。

滨海新区的体制改革涉及部门、人员之广，利益之多，在其他地区是绝无仅有的。

"以最廉洁的行为办好最开放的事情；以最开明的观念创造最生动的局面；以最坚定的信念走完最艰难的路程；以最科学的方法完成最崇高的目标；以最进步的理论创造最活跃的思想。"曾任天津经济技术开发区管委会副主任的叶迪生同志如是说。

7. 继续向海而兴

2013 年，滨海新区地区生产总值达到 8020.4 亿元，在经济体量的发展方面，终于交出了一份满意的答卷。

2005 年，滨海新区地区生产总值仅为 1623.26 亿元，可是在短短 8 年时间里，连续跨越 2000 亿、3000 亿、4000 亿、5000 亿、6000 亿、7000 亿和 8000 亿元大关，并在 2010 年地区生产总值首次超过浦东新区后，仍然继续快速发展。

围绕着东部海岸线，滨海新区重点开发了通往京津的于家堡金融区、响螺湾商务区、规划面积 200 平方千米的世界级重石化基地南港工业区和以发展重型装备制造业为主的临港经济区。同时，我国首座国家级、综合性的海洋博物馆——国家海洋博物馆在 2010 年 5 月 3 日批准落户滨海新区旅游区，一座众人期待中的"海洋故宫"终于筹划启建。如今的滨海新区在 2270 平方千米的土地上，已经初步形成了"一核双港、九区支撑，龙头带动"的发展策略，总投资 1.5 万亿元的"十大战役"全面打响，形成了滨海新区开发建设的高潮。

向海而兴，是 30 多年的改革开放带给我们的最大启示，也正是滨海新区一步步发展壮大的足迹。恰如 600 多年前的郑和下西洋一样，我们正是以这样一种更加开放的精神走向世界，走向繁荣和复兴。在向海而兴的战略下进一步深入推进改革和开放，是滨海新区取得如今成绩的法宝，也依然是打好滨海新区开发、开放攻坚战的关键。

图书在版编目（CIP）数据

中国海洋文化·天津卷 /《中国海洋文化》编委会编 . —北京：海洋出版社，2016.7
ISBN 978-7-5027-9101-8

Ⅰ . ①中…　Ⅱ . ①中…　Ⅲ . ①海洋－文化史－天津市　Ⅳ . ① P7-092

中国版本图书馆 CIP 数据核字（2015）第 050483 号

责任编辑：肖炜　任玲
装帧设计：　　文化·邱特聪
责任印制：赵麟苏

ZHONGGUO HAIYANG WENHUA · TIANJIN JUAN

海洋出版社　出版发行

http://www.oceanpress.com.cn

北京市海淀区大慧寺路 8 号　　　　邮编：100081
北京画中画印刷有限公司印刷　　　新华书店经销
2016 年 7 月 第 1 版　　　　　　　2016 年 7 月 北京第 1 次印刷
开本：810mm×1050mm　1/16　　　印张：15.5
字数：272 千　　　　　　　　　　定价：50.00 元
发行部：010-62132549　邮购部：010-68038093
编辑室：010-62100038　总编室：010-62114335